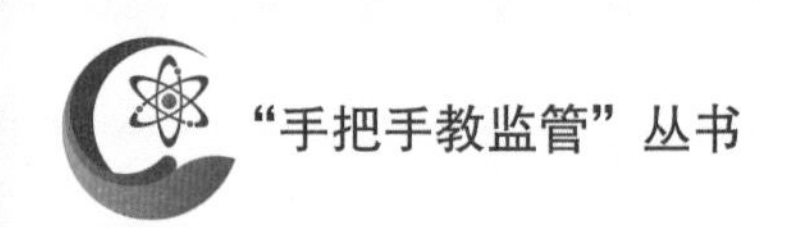

基层核技术利用辐射安全监督检查指导手册

广西壮族自治区辐射环境监督管理站　编著

广西科学技术出版社

图书在版编目（CIP）数据

基层核技术利用辐射安全监督检查指导手册 / 广西壮族自治区辐射环境监督管理站编著 .— 南宁：广西科学技术出版社，2023.4
（“手把手教监管”丛书）
ISBN 978-7-5551-1953-1

Ⅰ . ①基… Ⅱ . ①广… Ⅲ . ①辐射防护—安全管理—监督管理—手册 Ⅳ . ① TL7-62

中国国家版本馆 CIP 数据核字（2023）第 080505 号

JICENG HEJISHU LIYONG FUSHE ANQUAN JIANDU JIANCHA ZHIDAO SHOUCE
基层核技术利用辐射安全监督检查指导手册
广西壮族自治区辐射环境监督管理站 编著

责任编辑：何杏华　　助理编辑：秦慧聪
责任校对：冯　靖　　责任印制：韦文印
装帧设计：梁　良

出 版 人：卢培钊
出　　版：广西科学技术出版社
社　　址：广西南宁市东葛路66号　　邮政编码：530023
网　　址：http://www.gxkjs.com

印　　刷：广西彩丰印务有限公司

开　　本：787mm × 1092mm　1/16
字　　数：140千字　　印　　张：10
版　　次：2023年4月第1版
印　　次：2023年4月第1次印刷
书　　号：ISBN 978-7-5551-1953-1
定　　价：39.80元

编写人员

常　盛　吴易超　刘静西　李丽红

林秋莲　李　剀　易　鹞　龚行健

石伟力　岳　莹　刘　璟　田　昱

严意仕　王　昆　白　添　邓敬刚

廖　韬　张　静　王超红　唐锡扬

廖春凯　谢雪玉　万思斯　陈贻章

田小艳　李倍裕

序

随着科技的高速发展，核技术在我国已经广泛应用于工业、交通、通信、医学、农业、资源、环保、军事和科学研究等领域，并取得了显著的经济效益、社会效益和环境效益，为我国的经济社会发展做出了积极贡献。但若在利用过程中操作不当，核技术会给环境安全和公众健康带来风险和隐患，造成不良的社会影响。党的十八大以来，以习近平同志为核心的党中央高度重视核安全工作。2014 年 4 月，习近平总书记在中央国家安全委员会第一次会议上提出总体国家安全观，将核安全纳入国家安全体系。核安全通常也称为核与辐射安全，作为国家安全的重要组成部分，事关国家安危、人民健康、社会稳定和经济发展。核技术安全是核安全的重要内容，做好核与辐射安全监管工作是核技术行业行稳致远的重要保障。

在核与辐射安全监管对象中，核技术利用项目占了绝大部分。截至 2022 年 2 月，广西已有核技术利用单位 2300 余家，在用放射源近 2000 枚，在用射线装置 5300 台（套），并且呈逐年递增趋势，使得核与辐射安全监管工作的难度变得越来越大。随着简政放权持续推进，核技术利用项目监管权限逐步下放，各市监管压力逐年加大。因此，急需一本有针对性的书籍引领基层监管人员快速入门，担负起核与辐射安全监管责任，确保广西核与辐射环境安全，促进广西核技术利用蓬勃发展。

本书是广西壮族自治区辐射环境监督管理站根据广西近 15 年来在核技术类行政审批、核技术利用单位监督检查等方面遇到的实际问题和积累的宝贵经验编写而成，内容深入浅出，紧密联系核技术利用监管的实际情况，对提升基层监管人员业务水平和履职能力能起到重要的作用。本书可为基层监管人员提供参考，能帮助他们迅速入门，快速掌握监管对象、监管内容、监管要求等，更好地做好核技术利用监管工作。

广西壮族自治区生态环境厅

宁耘

2023 年 3 月

目　录

第一章　核技术利用辐射安全监督检查办法

第二章　常用辐射安全法律、规定及相关公告

第三章 核技术利用单位违法违规示例

第一章

核技术利用辐射安全监督检查办法

一、广西核技术利用情况简介

核技术利用，是指密封放射源、非密封放射源和射线装置在医疗、工业、农业、地质调查、科学研究和教学等领域中的使用。我国核技术利用最早始于20世纪50年代，随着科学技术的发展，核技术的应用范围越来越广泛，核技术利用行业发展迅速。

截至2022年9月30日，根据国家核技术利用辐射安全管理系统的统计数据，广西区内已有核技术利用单位2300多家，14个设区市均有分布。其中，放射源应用单位约300家，在用放射源近2000枚，常用放射源铯–137（^{137}Cs）、钴–60（^{60}Co）、铱–192（^{192}Ir）、硒–75（^{75}Se）、镅–241（^{241}Am）、锶–90（^{90}Sr）（图1）；射线装置应用单位2100多家，使用X射线机、加速器等射线装置5300台（套）。

核技术利用单位辐射安全监管涉及放射源与射线装置，包含生产、销售、进出口、使用、贮存、运输和处置等7个环节监管，每个环节的监管内容和要求不尽相同，辐射安全监管部门依据职责对各个环节进行监管。目前，广西核技术利用单位的辐射安全监管模式为自治区生态环境行政主管部门对本行政区域内放射性同位素与射线装置生产、销售、使用活动的安全和防护工作实施监督检查，负责相关核与辐射政策、标准、规章等事项的落实，负责放射源的转让、转移等环节的监管，并对设区市生态环境行政主管部门进行辐射安全监管指导；设区市生态环境行政主管部门对辖区内生产、销售、使用放射性同位素和射线装置的单位进行监督检查。据统计，目前广西辐射安全许可范围为“使用放射性同位素、射线装置”的核技术利用单位占80%以上，因此，广西的核技术利用单位辐射安全监管主要针对“使用”这个环节。本章介绍一般工作程序、工作指引、广西区内常见核技术利用项目及监督检查关注点。

元素周期表

原子序数 —— 92 U —— 元素符号，红色指放射性元素

元素名称 —— 铀

注 * 的是人造元素

$5f^3 6d^1 7s^2$ —— 外围电子层排布，括号指可能的电子层排布

238.0 —— 相对原子质量（加括号的数据为该放射性元素半衰期最长同位素的质量数）

金属　惰性气体　非金属　过渡元素

周期\族	ⅠA 1	ⅡA 2	ⅢB 3	ⅣB 4	ⅤB 5	ⅥB 6	ⅦB 7	Ⅷ 8	Ⅷ 9	Ⅷ 10	ⅠB 11	ⅡB 12	ⅢA	ⅣA	ⅤA	ⅥA	ⅦA	0	电子层	0族电子数
1	1 H 氢 $1s^1$ 1.008																	2 He 氦 $1s^2$ 4.003	K	2
2	3 Li 锂 $2s^1$ 6.941	4 Be 铍 $2s^2$ 9.012											5 B 硼 $2s^2 2p^1$ 10.81	6 C 碳 $2s^2 2p^2$ 12.01	7 N 氮 $2s^2 2p^3$ 14.01	8 O 氧 $2s^2 2p^4$ 16.00	9 F 氟 $2s^2 2p^5$ 19.00	10 Ne 氖 $2s^2 2p^6$ 20.18	L K	8 2
3	11 Na 钠 $3s^1$ 22.99	12 Mg 镁 $3s^2$ 24.31											13 Al 铝 $3s^2 3p^1$ 26.98	14 Si 硅 $3s^2 3p^2$ 28.09	15 P 磷 $3s^2 3p^3$ 30.97	16 S 硫 $3s^2 3p^4$ 32.06	17 Cl 氯 $3s^2 3p^5$ 35.45	18 Ar 氩 $3s^2 3p^6$ 39.95	M L K	8 8 2
4	19 K 钾 $4s^1$ 39.10	20 Ca 钙 $4s^2$ 40.08	21 Sc 钪 $3d^1 4s^2$ 44.96	22 Ti 钛 $3d^2 4s^2$ 47.87	23 V 钒 $3d^3 4s^2$ 50.94	24 Cr 铬 $3d^5 4s^1$ 52.00	25 Mn 锰 $3d^5 4s^2$ 54.94	26 Fe 铁 $3d^6 4s^2$ 55.85	27 Co 钴 $3d^7 4s^2$ 58.93	28 Ni 镍 $3d^8 4s^2$ 58.69	29 Cu 铜 $3d^{10} 4s^1$ 63.55	30 Zn 锌 $3d^{10} 4s^2$ 65.58	31 Ga 镓 $3d^{10} 4s^2 4p^1$ 69.72	32 Ge 锗 $3d^{10} 4s^2 4p^2$ 72.63	33 As 砷 $4s^2 4p^3$ 74.92	34 Se 硒 $4s^2 4p^4$ 78.96	35 Br 溴 $4s^2 4p^5$ 79.90	36 Kr 氪 $4s^2 4p^6$ 83.80	N M L K	8 18 8 2
5	37 Rb 铷 $5s^1$ 85.47	38 Sr 锶 $5s^2$ 87.62	39 Y 钇 $4d^1 5s^2$ 88.91	40 Zr 锆 $4d^2 5s^2$ 91.22	41 Nb 铌 $4d^4 5s^1$ 92.91	42 Mo 钼 $4d^5 5s^1$ 95.96	43 Tc 锝 $4d^5 5s^2$ [98]	44 Ru 钌 $4d^7 5s^1$ 101.1	45 Rh 铑 $4d^8 5s^1$ 102.9	46 Pd 钯 $4d^{10}$ 106.4	47 Ag 银 $4d^{10} 5s^1$ 107.9	48 Cd 镉 $4d^{10} 5s^2$ 112.4	49 In 铟 $5s^2 5p^1$ 114.8	50 Sn 锡 $5s^2 5p^2$ 118.7	51 Sb 锑 $5s^2 5p^3$ 121.8	52 Te 碲 $5s^2 5p^4$ 127.6	53 I 碘 $5s^2 5p^5$ 126.9	54 Xe 氙 $5s^2 5p^6$ 131.3	O N M L K	8 18 18 8 2
6	55 Cs 铯 $6s^1$ 133	56 Ba 钡 $6s^2$ 137.3	57~71 La~LU 镧系	72 Hf 铪 $5d^2 6s^2$ 178.5	73 Ta 钽 $5d^3 6s^2$ 181.0	74 W 钨 $5d^4 6s^2$ 184.0	75 Re 铼 $5d^5 6s^2$ 186.0	76 Os 锇 $5d^6 6s^2$ 190.0	77 Ir 铱 $5d^7 6s^2$ 192.0	78 Pt 铂 $5d^9 6s^1$ 195.0	78 Au 金 $5d^{10} 6s^1$ 197.0	80 Hg 汞 $5d^{10} 6s^2$ 200.6	81 Tl 铊 $6s^2 6p^1$ 204.5	82 Pb 铅 $6s^2 6p^2$ 207.0	83 Bi 铋 $6s^2 6p^3$ 209.0	84 Po 钋 $6s^2 6p^4$ [209]	85 At 砹 $6s^2 6p^5$ [210]	86 Rn 氡 $6s^2 6p^6$ [222]	P O N M L K	8 18 32 18 8 2
7	87 Fr 钫 $7s^1$ [223]	88 Ra 镭 $7s^2$ [226]	89~103 Ac~Lr 锕系	104 Rf 𬬻 * $6d^2 7s^2$ [261]	105 Db 𬭊 * $6d^3 7s^2$ [262]	106 Sg 𬭳 * $6d^4 7s^2$ [263]	107 Bh 𬭛 * $6d^5 7s^2$ [264]	108 Hs 𬭶 * $6d^6 7s^2$ [265]	109 Mt 鿏 * $6d^7 7s^2$ [265]	110 Uun * [269]	111 Uuu * [272]	111 Uub * [277]								

镧系	57 La 镧 $5d^1 6s^2$ 139.0	58 Ce 铈 $4f^1 5d^1 6s^2$ 140.0	59 Pr 镨 $4f^3 6s^2$ 141.0	60 Nd 钕 $4f^4 6s^2$ 144.0	61 Pm 钷 $4f^5 6s^2$ [145]	62 Sm 钐 $4f^6 6s^2$ 150.5	63 Eu 铕 $4f^7 6s^2$ 152.0	64 Gd 钆 $4f^7 5d^1 6s^2$ 157.0	65 Tb 铽 $4f^9 6s^2$ 159.0	66 Dy 镝 $4f^{10} 6s^2$ 162.5	67 Ho 钬 $4f^{11} 6s^2$ 165.0	68 Er 铒 $4f^{12} 6s^2$ 167.0	69 Tm 铥 $4f^{13} 6s^2$ 169.0	70 Yb 镱 $4f^{14} 6s^2$ 173.0	71 Lu 镥 $4f^{14} 5d^1 6s^2$ 175.0
锕系	89 Ac 锕 $6d^1 7s^2$ [227]	90 Th 钍 $6d^2 7s^2$ 232.0	91 Pa 镤 $5f^2 6d^1 7s^2$ 231.0	92 U 铀 $5f^3 6d^1 7s^2$ 238.0	93 Np 镎 $5f^4 6d^1 7s^2$ 237.0	94 Pu 钚 $5f^6 7s^2$ [244]	95 Am 镅 * $5f^7 7s^2$ [243]	96 Cm 锔 * $5f^7 6d^1 7s^2$ [247]	97 Bk 锫 * $5f^9 7s^2$ [247]	98 Cf 锎 * $5f^{10} 7s^2$ [251]	99 Es 锿 * $5f^{11} 7s^2$ [252]	100 Fm 镄 * $5f^{12} 7s^2$ [257]	101 Md 钔 * $(5f^{13} 7s^2)$ [258]	102 No 锘 * $(5f^{14} 7s^2)$ [259]	103 Lr 铹 * $(5f^{14} 7s^2 7p^1)$ [260]

注：

相对原子质量录自1999年国际原子量表，并全部取4位有效数字。

图 1　元素周期表

二、监督检查的一般程序

（一）检查前准备

1. 查阅核技术利用单位相关材料和信息。（1）通过国家核技术利用辐射安全监管系统（https://rm.mee.gov.cn/）（图 2）了解该单位基本信息；（2）通过向审批部门查询或登录建设项目环境影响登记表备案系统（图 3）等方式，了解此检查周期内该单位是否新增核技术利用项目及辐射安全许可办理情况；（3）查阅该单位历史检查记录，重点了解此前监督检查中发现的主要问题，特别是重复出现的问题。

图 2　国家核技术利用辐射安全监管系统登录界面

图 3　建设项目环境影响登记表备案系统操作界面

2. 制定检查计划。确定检查人员（至少 2 人）、检查时间、检查行程。检查前，向核技术利用单位下发检查通知，通知中明确检查人员、检查时间以及被检查单位需提前准备的核技术利用相关的档案和材料，具体包括办理辐射安全许可证业务的有关材料、核技术利用建设项目环境影响评价及竣工环境保护验收相关材料、核技术利用项目台账（盖单位或部门公章）、辐射工作人员辐射安全与防护培训合格证或成绩报告单（如果是根据规定由本单位自行组织考核并发放合格证的，需同时提供考试试卷、统分表、照片等佐证材料）、放射性同位素转让审批和异地使用备案、废旧放射源回收材料、辐射安全和防护状况年度评估报告（含辐射工作场所年度监测报告、个人剂量监测报告）等。

3. 其他准备。（1）检查可能需要的仪器设备（如 X-γ 辐射监测仪器、表面污染监测仪器）、个人剂量片、现场执法记录设备等；（2）检查需要使用的记录、表格等；（3）笔记本电脑；（4）行政执法证。

（二）检查现场流程

1. 检查前会议。向被检查核技术利用单位介绍检查人员身份，说明检查依据、目的、内容和流程。随后由被检查单位介绍辐射安全与防护工作情况，并提供单位核技术利用项目台账（盖单位或部门公章），双方可就存在的疑问进行交流与核实。

2. 正式检查。检查组人员主要做资料检查和现场检查。

（1）资料检查：查看被检查单位辐射安全许可证、核技术利用建设项目环境影响评价以及竣工环境保护验收相关材料，辐射安全和防护制度的相关材料，辐射安全和防护状况年度评估报告编制情况，辐射事故应急预案以及辐射事故应急演练记录等相关材料。

（2）现场检查：检查辐射安全和防护设施（环境影响评价文件及批复要求提供的）的运行与管理情况，核实射线装置数量及型号、放射源枚数及编码、核技术利用项目使用场所与辐射安全许可证上登记的信息是否一致，电离辐射警告标志是否张贴，辐射工作人员是否佩戴个人剂量片，等等。

3. 检查后会议。双方对监督检查情况进行充分交流，检查组组长向被检查核技术利用单位宣布现场检查意见，被检查核技术利用单位代表无异议后，双方代表在现场检查记录上签字。

三、监督检查工作指引

（一）检查事项

1. 核技术利用单位及辐射安全许可情况检查。

2. 放射源、非密封放射性物质、射线装置应用情况检查。

3. 年度评估情况，年度监测和辐射安全管理制度的编写、修订、执行情况检查。

4. 应急预案制定和演习演练情况检查。

5. 从业人员基本情况、辐射安全与防护培训情况检查。

6. 个人健康档案建立情况、个人剂量监测情况检查。

7. 建设项目环境影响评价、竣工环境保护验收情况检查。

8. 国家核技术利用辐射安全管理系统使用情况检查。

9. 高风险移动源监控设备安装使用情况检查。

（二）检查内容和方法

1. 核技术利用单位及辐射安全许可情况检查。通过查阅核技术利用单位营业执照、统一社会信用代码和辐射安全许可证正、副本（图 4）等基础材料，核对核技术利用单位名称、地址、法定代表人；核实核技术利用项目环

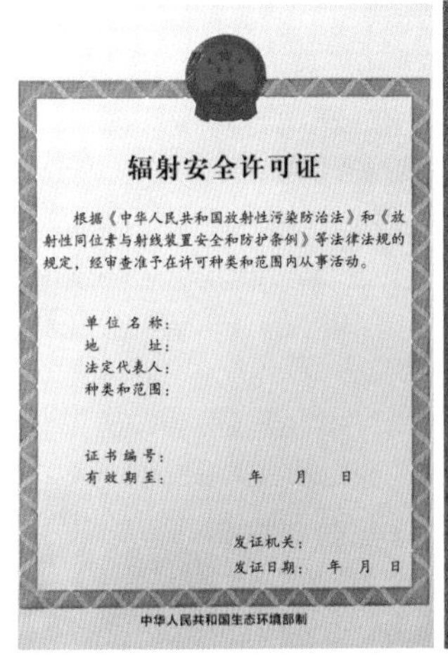

辐射安全许可证

根据《中华人民共和国放射性污染防治法》和《放射性同位素与射线装置安全和防护条例》等法律法规的规定，经审查准予在许可种类和范围内从事活动。

单位名称：
地　　址：
法定代表人：
种类和范围：

证书编号：
有效期至：　　年　月　日

发证机关：
发证日期：　年　月　日

中华人民共和国生态环境部制

根据《中华人民共和国放射性污染防治法》和《放射性同位素与射线装置安全和防护条例》等法律法规的规定，经审查准予在许可种类和范围内从事活动。

单位名称			
地　　址			
法定代表人		电话	
证件类型		号码	
涉源部门	名　称	地　址	负责人
种类和范围			
许可证条件			
证书编号			
有效期至	年　月　日		
发证日期	年　月　日（发证机关章）		

图 4　辐射安全许可证正本、副本

境影响评价批复文件；涉及放射源和非密封放射性物质项目的，还应查看相应的转让审批（备案）、放射源的回收（收贮）备案等文件。

2. 核技术利用项目使用和管理情况检查。现场核查核技术利用单位辐射安全许可证上登记的核技术利用项目活动种类和范围、台账明细（图 5）与实际情况是否一致，随后检查核技术利用项目场所的辐射安全防护设施运行情况以及各项辐射安全防护措施落实情况，主要包括安全操作规程、辐射事故应急响应流程等制度的上墙情况；监测仪器和防护用品的配备和使用情况；联锁装置、声光报警、工作状态指示灯等设置和运行情况；电离辐射警告标志（图 6）设置情况；放射性同位素使用（贮存）场所安全管理情况（视频监控、双人双锁、领用记录）；放射性废物收集贮存情况等。

活动种类和范围

（一）放射源

证书编号：

序号	核素	类别	总活度（贝可）/活度（贝可）×枚数	活动种类

台账明细登记

（三）射线装置

证书编号：

序号	装置名称	规格型号	类别	用途	场所	来源/去向		审核人	审核日期
						来源			
						去向			
						来源			
						去向			
						来源			
						去向			
						来源			
						去向			
						来源			
						去向			
						来源			
						去向			
						来源			
						去向			
						来源			
						去向			

图 5　辐射安全许可证登记的活动种类和范围、台账明细登记

图 6　电离辐射警告标志

3. 辐射安全和防护状况年度评估报告编制和上报情况检查。检查核技术利用单位是否按要求编制辐射安全和防护状况年度评估报告并及时上传全国核技术利用辐射安全申报系统（图 7）。注意核技术利用单位是否根据实际情况对辐射安全管理制度进行修订并落实。

许可证号：桂环辐证［C6010］　核技术利用单位　注册地址：广西壮族自治区桂林市七星区建干路12号

单位信息
许可证审批记录
放射源业务
非密封放射性物质业务
辐射事故
监督检查
年度评估报告
企业附件
修改记录

序号	单位名称	许可证号	报告年份	提交日期	操作
1		桂环辐证［C6010］	2022	2023-04-04	下载
2		桂环辐证［C6010］	2021	2022-04-18	下载
3		桂环辐证［C6010］	2020	2021-02-10	下载

图 7　辐射安全和防护状况年度评估报告上传情况示例

4. 辐射安全和防护管理制度及辐射事故应急预案制定和实施情况检查。检查核技术利用单位辐射安全和防护管理制度是否健全，各项制度和辐射事故应急预案编制是否具有合理性、规范性、时效性，以及辐射事故应急演练开展情况。其中，辐射事故应急演练开展情况可通过查看演习演练开展时的影像、照片、文字记录等材料了解。

5. 辐射工作人员培训情况检查。检查辐射工作人员是否按要求进行相关的辐射安全与防护培训和考核，并将相关信息登记在全国核技术利用辐射安全申报系统上。由核技术利用单位自行组织培训考核的，应查看组织培训考核的相关材料，如试卷、考试分数登记表、现场照片、成绩报告单等，辐射安全与防护培训记录可在国家核技术利用安全监管系统上查询（图 8、图 9）。

6. 辐射工作人员个人健康档案建立情况、个人剂量监测情况检查。检查核技术利用单位是否为辐射工作人员建立个人健康档案；是否定期开展辐射工作人员个人剂量检测，并对检测结果异常的工作人员进行相关跟踪和调查；是否及时将辐射工作人员个人剂量检测结果填报至全国核技术利用辐射安全申报系统。

7. 核技术利用项目环境影响评价和竣工环境保护验收情况检查。检查核技术利用单位是否履行核技术利用项目环境影响评价手续；是否按照《建设项目竣工环境保护验收暂行办法》要求，对新建、扩建、改建核技术利用项目进行自主验收（验收材料是否公示），对《建设项目竣工环境保护验收暂行办法》发布之前竣工的环境保护验收项目，检查是否有生态环境主管部门验

核技术利用辐射安全与防护考核

成绩报告单

，男，19　　日生，身份证：45　　于2021年12月参加 医用X射线诊断与介入放射学 辐射安全与防护考核，成绩合格。

编号：FS21　　有效期：

报告单查询网址：fushe.mee.gov.cn

图 8　核技术利用辐射安全与防护考核成绩报告单

许可证号：桂环辐证［C　　］ 核技术利用单位　注册地址：广西壮族自治区桂林市

单位信息
许可证审批记录
放射源业务
非密封放射性物质业务
辐射事故
监督检查
年度评估报告
企业附件
修改记录

单位基本信息

❶单位信息查看　❷活动种类和范围　❸台账明细　❹监测仪器和防护用品　❺辐射安全管理机构　❻辐射工作人员

姓名：　证件类型：-- 类型 --　证件号码：　查询

提示："　"表示【辐射安全与防护培训记录】中最新的培训结束时间截止到现在已经超过五年未有培训记录；"　"表示未填写【照射个人剂量检测档案】

序号	提醒	姓名	证件号码	性别	出生年月	工作岗位	毕业学校	学历	专业	有效期	培训/考试编号	操作
1				男	1996-06-06	桂林理工大学环境学院	桂林理工大学	硕士研究生	水文地质	2022-10-31至 2027-11-11	自主培训	查看
2				女	1990-02-18	桂林理工大学环境学院	桂林理工大学	博士研究生	环境工程	2022-10-31至 2027-11-11	自主培训	查看
3				女	1988-06-20	桂林理工大学材料科学与工程学院	桂林理工大学	硕士研究生	高分子化学与物理	2022-10-10至 2027-10-26	自主培训	查看
4				女	1986-10-03	桂林理工大学医院	哈尔滨医科大学	本科	医学影像学	2022-10-31至 2027-11-11	自主培训	查看
5				女	1985-09-12	桂林理工大学材料学院	武汉工程大学	硕士研究生	材料物理与化学	2022-10-17至 2027-10-26	自主培训	查看
6				男	1984-07-10	桂林理工大学化学与生物程学院	南京大学	博士研究生	化学	2022-10-10至 2027-10-11	自主培训	查看
7				女	1968-11-21	桂林理工大学医院	广西医科大学	专科	放射医士	2022-10-10至 2027-10-11	自主培训	查看

显示第1到第7条记录，总共7条记录　　首页　上一页　1　下一页　末页

图 9　国家核技术利用辐射安全监管系统上的人员培训查询界面

收审批文件。

8. 国家核技术利用辐射安全管理系统使用情况检查。检查核技术利用单位对全国核技术利用辐射安全申报系统的使用、管理和维护情况；核技术利用单位核实系统数据信息是否及时更新和完善，是否与实际情况一致。

9. 高风险移动放射源监控设备安装使用情况检查。检查用源单位高风险移动源在线定位监控设备的安装、运行情况，核实其是否落实监控系统管理要求（包括环境影响评价文件及其批复要求）。

四、广西常见核技术利用项目

（一）核子密度湿度计

1. 基本介绍。核子密度计主要根据 γ 放射源发出的 γ 射线衰减原理进行工作。初始射线进入被测物质中，物质密度越大，射线衰减越多，探测器探测到的 γ 射线强度就会越弱。因此，测量到的 γ 射线强度与材料的密度相关，通过测量透过被测物质的 γ 射线强度，即可得出被测物质的密度。核子密度计广泛应用于化学、水文学等学科及橡胶、塑料、造纸等工业领域中，主要用来测量和控制各种浆液的密度以及河水中泥沙的含量。同时，可以通过测定 γ 射线而间接测定出双组分料液的浓度，其中某种成分的含量及两种物料的配比一般情况下采用 ^{137}Cs 源，对大直径管子的测量用 ^{60}Co 源较多，而对几厘米直径的细管用 ^{241}Am 源。

核子密度湿度计（图 10）用于水分测量的原理：由中子源产生的快中子射入被测材料中，与料层内物质发生碰撞散射，随之减速、扩散，快中子变成慢中子，最后用探测器探测慢中子。这个作用主要由物质中的含氢量决定，而氢主要在水中，若被测材料含水量越大，慢中子数就越多，反之就越少。因此，利用探测器探测到的慢中子数的多少可反映其含水量的大小。目前多采用 ^{241}Am–Be（镅铍）中子源或 $^{238(239)}$Pu–Be（钚铍）中子源来测量水分。广西的检测机构一般使用 ^{241}Am–Be 中子源。

核子密度湿度计内部装有两种放射源。γ 放射源一般使用 ^{137}Cs，主要用来测量密度；常用的中子源为 ^{241}Am–Be，主要用来测量物质或材料中的水分。使用时，将 γ 放射源推出屏蔽室后进到金属探测杆底部内，位置随测量深度变化而上下移动，并放入被测物质中进行测量。中子源安装在机壳底部位置不变。

核子密度湿度计使用的放射源通常属于Ⅳ、Ⅴ类放射源。

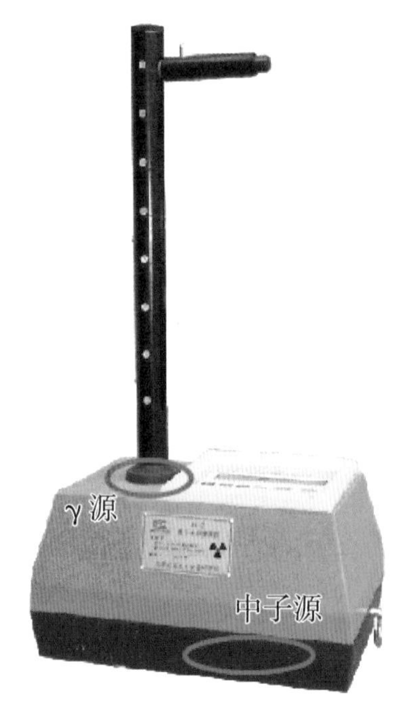

图 10 核子密度湿度计

2. 辐射特点。

（1）^{137}Cs 半衰期为 30.2a，^{60}Co 半衰期为 5.3a，两种核素发射类型均为 β/γ，穿透能力较强。因此，应主要考虑对外照射的防护，同时注意对散射和漏束的防护。

（2）^{241}Am-Be 属于中子源，贯穿能力很强，应着重对外照射的防护，许多防护措施与使用 γ 放射源的措施相似，但所用的防护材料不完全相同。

3. 监督检查关注点。

（1）资料检查。

①核技术利用单位辐射安全许可证（检查有效期、许可种类、许可范围、数量以及法定代表人、单位名称、单位地址是否有变动）。

②核技术利用项目环评批复或备案表（每枚放射源要一一对应）。

③辐射场所监测报告（每个场所要一一对应）。

④个人剂量监测报告（辐射工作人员职业照射年有效剂量限值≤20mSv，剂量存在异常的查看调查报告）。

⑤辐射安全与防护培训合格证 / 成绩报告单（由生态环境主管部门颁发，要与每名辐射工作人员一一对应）。

⑥辐射事故应急预案合理性判断（人员是否为在职人员，应急救援电话是否有效，具体操作流程是否符合该单位实际情况）。

⑦制定有关辐射安全的其他规章制度。

⑧如有废旧放射源送贮或返回生产商，查阅相关回收材料，包括废旧放射源返回生产单位或送交广西城市放射性废物库证明材料、放射性同位素回收（收贮）备案审批表。

（2）现场检查。

①放射源核素及数量、场所是否与辐射安全许可证登记的一致。

②工作场所是否配置有放射源设备的安全操作规程、管理制度、应急程序等。

③场所、暂存设施显眼位置是否有电离辐射警告标志、文字说明。

④核子湿度密度仪是否整体牢固、屏蔽室无破损。

⑤携带监测仪器，确认每枚放射源是否存在。

⑥放射源暂存场所是否有安保防盗措施，如报警器、视频实时监控等。

⑦检查作业现场辐射工作人员是否规范佩戴个人剂量片、是否有辐射监测设备与防护用品等。

（二）核子测厚仪

1. 基本介绍。核子测厚仪（图 11）是工业测厚设备的一种，也叫同位素测厚仪、放射性测厚仪。其主要利用不同厚度的物质对辐射的吸收与散射不同的原理，测定薄钢板、薄铜板、薄铝板、硅钢片、合金片等金属材料及橡胶片、塑料膜、纸张等的厚度。核子测厚仪所用的放射源有 α 放射源、β 放射源和 γ 放射源。α 放射源可用于测量质量厚度为 5 ～ 50g/m^2（比普通的 A4 复印纸还薄）的物质，常用的有 ^{210}Po、^{239}Pu。β 放射源可用于测量较薄的纸张、纺织品、塑料薄膜、金属箔、橡胶等材料的厚度，常用的有 ^{85}Kr、^{90}Sr、^{147}Pm。所测物品的质量厚度范围：^{85}Kr 源为 10 ～ 1200g/m^2，^{90}Sr 源为 5 ～ 10g/m^2，^{147}Pm 源为 5 ～ 10g/m^2。γ 放射源主要用于测量密度较大、较厚的物品（例如轧钢厂钢板等）厚度，常用的有 ^{60}Co、^{137}Cs。所测物品的厚度测

量范围为 ^{60}Co 源 4 ～ 90mm，^{137}Cs 源 2.5 ～ 60mm。核子测厚仪使用的放射源通常属于Ⅳ、Ⅴ类放射源。

图 11　核子测厚仪

2. 辐射特点。

（1）测厚仪常用的 α 放射源发射的 α 粒子在空气中射程小于 6cm，穿不透皮肤表层，故通常情况下没有外照射危险。

（2）^{85}Kr 半衰期为 10.8a，^{147}Pm 半衰期为 2.6a，两种核素发射类型均为 β。β 粒子的贯穿能力比同样能量的 α 粒子约强 100 倍，能量超过 70keV 的 β 粒子即可穿透皮肤角质层（俗称死皮），故应考虑 β 外照射的防护。

（3）γ 射线的贯穿能力很强，其辐射照射范围往往超出工作场所，主要应防止外照射。

3. 监督检查关注点。

（1）资料检查。

①核技术利用单位辐射安全许可证（检查有效期、许可种类、许可范围、数量以及法定代表人、单位名称、单位地址是否有变动）。

②核技术利用项目环评批复或备案表（每枚放射源要一一对应）。

③辐射场所监测报告（每个场所要一一对应）。

④个人剂量监测报告（辐射工作人员职业照射年有效剂量限值≤ 20mSv，剂量存在异常的查看调查报告）。

⑤辐射安全与防护培训合格证 / 成绩报告单（由生态环境主管部门颁发，要与每名辐射工作人员一一对应）。

⑥辐射事故应急预案合理性判断（人员是否为在职人员，应急救援电话是否有效，具体操作流程是否符合该单位实际情况）。

⑦制定有关辐射安全的其他规章制度。

⑧如有废旧放射源送贮或返回生产商，查阅相关回收材料，包括废旧放射源返回生产单位或送交广西城市放射性废物库证明材料、放射性同位素回收（收贮）备案审批表。

（2）现场检查。

①放射源核素及数量、场所是否与辐射安全许可证登记的一致。

②工作场所是否配置有放射源设备的安全操作规程、管理制度、应急程序等。

③场所、暂存设施显眼位置是否有电离辐射警告标志、文字说明。

④场所设备是否设置明显的警戒区域，防止非辐射工作人员靠近而受到不必要的照射。

⑤携带监测仪器，确认每枚放射源是否存在。

⑥核子测厚仪一般与企业整套生产设备安装在一起，所以放射源使用场所需有必要的安保防盗措施，如报警器、视频实时监控等。

⑦检查作业现场辐射工作人员是否规范佩戴个人剂量片、是否有辐射监测设备与防护用品等。

⑧ ^{85}Kr 放射源是气体源，存在泄漏风险，如企业使用该源，应检查源容器的完整性。

（三）核子秤

1. 基本介绍。核子秤（图 12）是一种非接触式的散装物料在线连续计量和监控装置，是基于计量理论基础朗伯 – 比尔定律，利用物料对放射性同位

素发射出来的 γ 射线束吸收的原理，对输送机传送的散装物料进行在线连续计量的新一代计量器具。核子秤是针对工业应用中经常遇到的问题，即测量在传送系统中运动的物料而开发的产品，把放射源和射线接收器分别放在传送带的上、下两侧，根据射线穿过传送带上物料的计数率，便可以连续称出输送物料的质量。物料尺寸愈规则、均匀，则称量的准确度愈高。核子秤主要用于动态物料质量的计量，在建材、煤炭、化工、矿山、冶金、港口、钢铁、粮食等行业中广泛应用，已实现对刮板、螺旋、锚链等多种运机输运的物料质量进行计量。核子秤通常用放射源 ^{60}Co 和 ^{137}Cs，通常在糖厂、纸厂用于传送带上物料的称重。

图 12　核子秤在糖厂进料带中应用

核子秤使用的放射源通常属于Ⅳ、Ⅴ类放射源。

2. 辐射特点。γ 射线的贯穿能力很强，其辐射照射范围往往超出工作场所，主要应防止外照射。

3. 监督检查关注点。

（1）资料检查。

①核技术利用单位辐射安全许可证（检查有效期、许可种类、许可范围、数量以及法定代表人、单位名称、单位地址是否有变动）。

②核技术利用项目环评批复或备案表（每枚放射源要一一对应）。

③辐射场所监测报告（每个场所要一一对应）。

④个人剂量监测报告（辐射工作人员职业照射年有效剂量限值≤ 20mSv，剂量存在异常的查看调查报告）。

⑤辐射安全与防护培训合格证 / 成绩报告单（由生态环境主管部门颁发，要与每名辐射工作人员一一对应）。

⑥辐射事故应急预案合理性判断（人员是否为在职人员，应急救援电话是否有效，具体操作流程是否符合该单位实际情况）。

⑦制定有关辐射安全的其他规章制度。

⑧如有废旧放射源送贮或返回生产商，查阅相关回收材料，包括废旧放射源返回生产单位或送交广西城市放射性废物库证明材料、放射性同位素回收（收贮）备案审批表。

（2）现场检查。

①放射源核素及数量、场所是否与辐射安全许可证登记的一致。

②工作场所是否配置有放射源设备的安全操作规程、管理制度、应急程序等。

③场所、暂存设施显眼位置是否有电离辐射警告标志、文字说明。

④场所设备是否设置明显的警戒区域，防止非辐射工作人员靠近而受到不必要的照射。

⑤携带监测仪器，确认每枚放射源是否存在。同时，检查放射源贮源容器源闸开关状态标识是否清晰；若非使用期间，确认其是否处于关闭状态。

⑥核子秤一般与企业生产传送带设备安装固定在一起，所以放射源使用场所需有必要的安保防盗措施，如报警器、视频实时监控等。

⑦检查作业现场辐射工作人员是否规范佩戴个人剂量片、是否有辐射监测设备与防护用品等。

⑧如有放射源贮存库（暂存库、保险箱等），检查是否双人双锁，并检查出入库使用记录、视频实时监控等；如没有暂存场所的则需确定放射源位置能锁定且安装牢固。

（四）核子料位计（液位计）

1. 基本介绍。核子料位计（图 13）即核辐射式料位计，属于料位计测量系统的一种，一般安装在工业生产过程中的容器（储仓）上。容器（储仓）下侧装有 γ 放射源，上侧装有 γ 射线接收器，随着料面高度的变化，γ 射线穿过料层后的强度也不同，接收器检测出射入的 γ 射线强度并通过显示仪表显示出料位高度。

核子料位计是利用 γ 射线穿透各种物料时受到不同程度的衰减的原理而制成的。容器内的装料不同，对射线吸收程度则不同，从而能确定容器中物料（液体、浆体、固体颗粒或碎屑）的高度位置，实现容器内料位的测量。它可以安装在被测量的各种形状（如球罐、料仓、溜槽、管道等）容器的外部，用来检测和控制该容器内储存液体、浆体、固体颗粒或碎屑的位置，广泛应用在石油、水泥、航空和宇宙飞船等工业上。核子料位计主要采用 γ 放射源，常用的有 ^{60}Co 和 ^{137}Cs，活度一般在 40MBq ～ 4GBq（1 ～ 100mCi）。对堆积密度小的物料（如泡沫塑料）或少量物料（如管中牙膏）的测量，一般用 β 放射源。典型的 β 放射源为 ^{90}Sr，活度范围为 40 ～ 400MBq（1 ～ 10mCi）。对含氢量高的物质（如石油产品）的测量，一般采用中子源。这类中子源多为 ^{241}Am–Be 源，活度在 1 ～ 10GBq（30 ～ 300mCi）。

核子料位计使用的放射源通常属于Ⅳ、Ⅴ类放射源。

2. 辐射特点。

（1）γ 射线的贯穿能力很强，其辐射照射范围往往超出工作场所，主要应防止外照射。

（2）β 粒子的穿透能力比同样能量的 α 粒子约强 100 倍，能量超过 70keV 的 β 粒子即可穿透皮肤角质层（俗称死皮），故应考虑 β 外照射的防护。

（3）^{241}Am–Be 属于中子源，贯穿能力很强，使用中子源应着重对外照射的防护，许多防护措施与使用 γ 放射源的措施相似。

图 13　核子料位计

3. 监督检查关注点。

（1）资料检查。

①核技术利用单位辐射安全许可证（检查有效期、许可种类、许可范围、数量以及法定代表人、单位名称、单位地址是否有变动）。

②核技术利用项目环评批复或备案表（每枚放射源要一一对应）。

③辐射场所监测报告（每个场所要一一对应）。

④个人剂量监测报告（辐射工作人员职业照射年有效剂量限值≤ 20mSv，剂量存在异常的查看调查报告）。

⑤辐射安全与防护培训合格证 / 成绩报告单（由生态环境主管部门颁发，要与每名辐射工作人员一一对应）。

⑥辐射事故应急预案合理性判断（人员是否为在职人员，应急救援电话是否有效，具体操作流程是否符合该单位实际情况）。

⑦制定有关辐射安全的其他规章制度。

⑧如有废旧放射源送贮或返回生产商，查阅相关回收材料，包括废旧放

射源返回生产单位或送交广西城市放射性废物库证明材料、放射性同位素回收（收贮）备案审批表。

（2）现场检查。

①放射源核素及数量、场所是否与辐射安全许可证登记的一致。

②工作场所是否配置有放射源设备的安全操作规程、管理制度、应急程序等。

③场所、暂存设施显眼位置是否有电离辐射警告标志、文字说明。

④场所设备是否设置明显的警戒区域，防止非辐射工作人员靠近而受到不必要的照射。

⑤携带监测仪器，确认每枚放射源是否存在。

⑥核子料位计一般与企业生产传送带或锅炉蒸煮设备安装固定在一起，所以放射源使用场所需有必要安保防盗措施，如报警器、视频实时监控等。

⑦检查作业现场辐射工作人员是否规范佩戴个人剂量片、是否有辐射监测设备与防护用品等。

⑧如有放射源贮存库（暂存库、保险箱等），检查是否双人双锁，并检查出入库使用记录、视频实时监控等。

（五）X 射线衍射仪

1. 基本介绍。X 射线衍射仪（图 14）属于Ⅲ类射线装置，是利用 X 射线轰击样品，测量所产生的衍射 X 射线强度的空间分布情况，以确定样品的微观结构的仪器。当 X 射线照射到待测物体表面时，物质原子的电子壳层同 X 射线光子发生弹性碰撞，向空间发射次生 X 射线球形波，当次生 X 射线与原射线同波长时，即形成所谓布拉格散射。由于每一层原子的电子云都可以产生球形的布拉格散射，各散射的 X 射线之间可以相互干涉，导致某些散射方向上的球面波相互增强，另一些散射方向的相互抵消，从而出现衍射现象。目前，人们利用 X 射线的穿透效应、电离作用、荧光效应、热效应和波动性等物理性质开发了各种设备。X 射线衍射方法具有不损伤样品、无污染、快捷、测量精度高、能得到有关晶体完整性的大量信息等优点。

2. 辐射特点。X 射线衍射仪能量较小，通电后才能产生辐射，断电后即无辐射，其安全与防护要求相对简单，对周围环境影响很小。

图 14　X 射线衍射仪

3. 监督检查关注点。

（1）资料检查。

①核技术利用单位辐射安全许可证（检查有效期、许可种类、许可范围、数量以及法定代表人、单位名称、单位地址是否有变动）。

②核技术利用项目环评批复或备案表（每台 X 射线衍射仪要一一对应）。

③辐射场所监测报告（每个场所要一一对应）。

④个人剂量监测报告（辐射工作人员职业照射年有效剂量限值≤ 20mSv，剂量存在异常的查看调查报告）。

⑤辐射安全与防护培训合格证 / 成绩报告单（由生态环境主管部门颁发或由单位自行培训颁发；每名辐射工作人员要一一对应。注：单位自行培训考核针对的是仅从事Ⅲ类射线装置使用、销售的辐射工作人员）。

⑥仪器维护台账。

⑦辐射事故应急预案合理性判断（人员是否为在职人员，应急救援电话是否有效，具体操作流程是否符合该单位实际情况）。

⑧制定有关辐射安全的其他规章制度。

（2）现场检查。

①射线装置数量及型号、场所是否与核技术利用单位提供的射线装置台账、辐射安全许可证一致。

②检查作业现场辐射工作人员是否规范佩戴个人剂量片，有无电离辐射警示标志、警示灯、辐射防护用品等。

③部分型号X射线衍射仪可以豁免管理，需查阅国家级、省级生态环境主管部门出具的豁免管理函或公告（图15）。可在中华人民共和国生态环境部网站（https：//www.mee.gov.cn）中查询。

生态环境部办公厅
海关总署办公厅
文件

环办辐射〔2018〕49号

关于规范放射性同位素与射线装置豁免备案管理工作的通知

各省、自治区、直辖市生态环境厅（局），各直属海关:

为深入贯彻落实国务院“放管服”改革要求，根据分级分类监管的原则，将极低风险的放射性同位素与射线装置纳入豁免管理，切实减轻企业负担。各省级生态环境部门应进一步规范核技术利用领域放射性同位素与射线装置豁免备案管理工作，并与海关协调配合，共同做好放射性同位素进出口的有关工作。现将有关要求通知如下：

一、办理方式

根据《放射性同位素与射线装置安全和防护管理办法》和《电离辐射防护与辐射源安全基本标准》（GB18871-2002，以下简称《基本标准》），核技术利用领域放射性同位素与射线装置豁免备案应按如下方式办理：

（一）符合《基本标准》豁免水平的放射性同位素和射线装置，其国内生产单位或者进口产品的国内总代理单位（以下简称进口总代理单位）及其使用单位可填写《放射性同位素与射线装置豁免备案表》（见附件1，以下简称《豁免备案表》），报所在地省级生态环境部门备案。

关于放射性同位素与射线装置豁免备案证明文件（第十批）的公告

根据《放射性同位素与射线装置安全和防护管理办法》第五十四条的相关规定，现将已获得各有关省份豁免备案证明文件的活动或活动中的射线装置、放射源或者非密封放射性物质(第十批)予以公告(见附件1、2)。

经我部公告的活动或活动中的射线装置、放射源或者非密封放射性物质，其豁免备案证明文件在全国有效，可不再逐一办理豁免备案证明文件。

附件：1.第十批已获各有关省份豁免备案证明文件的放射性同位素汇总表

2.第十批已获各有关省份豁免备案证明文件的射线装置汇总表

生态环境部

2021年8月17日

图15 《关于规范放射性同位素与射线装置豁免备案管理工作的通知》《关于放射性同位素与射线装置豁免备案证明文件（第十批）的公告》截图

（六）X 射线荧光分析仪

1. 基本介绍。X 射线荧光分析仪（图 16）属于Ⅲ类射线装置，于 20 世纪 50 年代研制成功，经过不断的发展，现已经成为物质组成分析的必备方法之一，除 H 、He、Li、Be 外，还可对周期表中从 ^{5}B 到 ^{92}U 做元素的常量、微量的定性和定量分析，有着操作快速方便、能在短时间内同时完成多种元素的分析、不受试样形状和大小的限制、不破坏试样的优点，已经被广泛应用于环境监测、合金分析、地质勘探、地球化学、岩石分类、食品检测、医学等领域。X 射线荧光分析仪的测量原理是高压电源产生高压直流电，电子在高压电场的作用下轰击靶材，激发出高能射线，射线射到矿浆内被测物质上，使其产生电子跃迁，根据不同元素得到不同的本征射线进行组分分析。

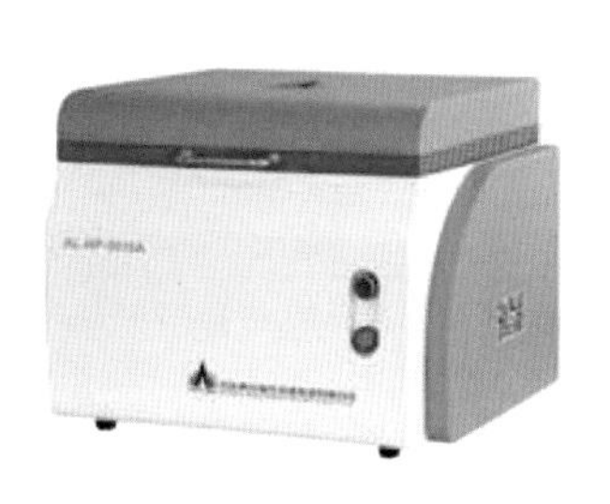

图 16　不同型号的 X 射线荧光分析仪

2. 辐射特点。X 射线荧光分析仪能量较小，通电后才能产生辐射，断电后即无辐射，其安全与防护要求相对简单，对周围环境影响很小。

3. 监督检查关注点。

（1）资料检查。

①核技术利用单位辐射安全许可证（检查有效期、许可种类、许可范围、数量以及法定代表人、单位名称、单位地址是否有变动）。

②核技术利用项目环评批复或备案表（每台 X 射线荧光分析仪要一一对应）。

③辐射场所监测报告（每个场所要一一对应）。

④个人剂量监测报告（辐射工作人员职业照射年有效剂量限值≤ 20mSv，

剂量存在异常的查看调查报告）。

⑤辐射安全与防护培训合格证 / 成绩报告单（由生态环境主管部门颁发或由单位自行培训颁发，要与每名辐射工作人员一一对应。注：单位自行培训考核针对的是仅从事Ⅲ类射线装置使用、销售的辐射工作人员）。

⑥辐射事故应急预案合理性判断（人员是否为在职人员，应急救援电话是否有效，具体操作流程是否符合该单位实际情况）。

⑦制定有关辐射安全的其他规章制度。

（2）现场检查。

①射线装置数量及型号、场所是否与核技术利用单位提供的射线装置台账和辐射安全许可证一致。

②检查作业现场辐射工作人员是否规范佩戴个人剂量片，有无电离辐射警示标志、警示灯、辐射防护用品等。

③部分型号 X 射线荧光分析仪可以豁免管理，需查阅国家、省级生态环境主管部门出具的豁免管理函或公告。

（七）工业 X 射线探伤机

1. 基本介绍。X 射线无损检测是在不损伤材料零件和结构的情况下对其内部质量及内部结构进行评价，用以检测各种材料的缺陷。在工业探伤上，利用 X 射线管中的高速电子去撞击阳极靶，电子运动突然被阳极靶制止，其动能大部分转变为热能，一小部分 X 射线被散射，还有一小部分 X 射线透过被测试工件。该设备广泛用于锅炉、压力容器和管道等的制造检验及在役检验。

工业 X 射线探伤装置在管理上分为自屏蔽式 X 射线探伤装置（定义详见第 133 页）和其他工业用 X 射线探伤装置（Ⅱ类射线装置）。其中，生产、销售的自屏蔽式 X 射线探伤装置按Ⅱ类射线装置管理，使用的自屏蔽式 X 射线探伤装置按Ⅲ类射线装置管理。工业 X 射线探伤机见图 17，工业 CT 机见图 18，工业 X 射线机见图 19。

2. 辐射特点。工业 X 射线能量较高，使用高压电源，通电后才会产生辐射，断电后即无辐射，事故发生时可以使受到照射的人员产生较严重的放射损伤，其安全与防护要求较高。

图 17　工业 X 射线探伤机

图 18　工业 CT 机

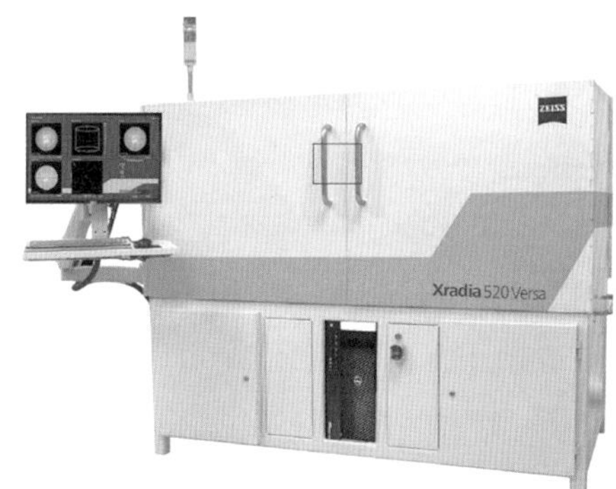

图 19　工业 X 射线机

3. 监督检查关注点。

（1）资料检查。

①核技术利用单位辐射安全许可证（检查有效期、许可种类、许可范围、数量以及法定代表人、单位名称、单位地址是否有变动）。

②工业 X 射线探伤装置项目环评批复或报告表批复，自屏蔽式 X 射线探伤装置环评批复或备案表（每台工业 X 射线探伤装置要一一对应）。

③核技术利用项目竣工环保验收批复或者自主验收（对应项目环评批复）。

④辐射场所监测报告（每个场所要一一对应）。

⑤个人剂量监测报告（辐射工作人员职业照射年有效剂量限值≤ 20mSv，剂量存在异常的查看调查报告）。

⑥辐射安全与防护培训合格证 / 成绩报告单（由生态环境主管部门颁发，

要与每名辐射工作人员一一对应）。

⑦辐射事故应急预案合理性判断（人员是否为在职人员，应急救援电话是否有效，具体操作流程是否符合该单位实际情况）。

⑧设备使用、维护等台账。

⑨制定有关辐射安全的其他规章制度。

（2）现场检查。

①射线装置数量及型号、场所是否与核技术利用单位提供的射线装置台账和辐射安全许可证一致。

②检查作业现场辐射工作人员是否规范佩戴个人剂量片、配备辐射监测仪器和个人剂量报警仪，有无电离辐射警告标志、警示灯、辐射防护用品等。

③如有固定探伤室，检查安全装置、联锁装置的性能及报警信号、标志的状态，以及辐射防护设施（环评文件及其审批要求）运行情况。

④如是室外探伤，检查安全装置、联锁装置的性能及报警信号、标志的状态。了解如何划分控制区和监督区，检查作业时相关警示用品（警告牌、警示灯等）是否可正常使用。

⑤如是使用自屏蔽式 X 射线探伤装置，检查关注点与 X 射线衍射仪一致。

（八）γ 射线探伤机

1. 基本介绍。

γ 射线探伤是利用 γ 射线来检查工件内部是否存在缺陷的一种方法。γ 射线有很强的穿透性，能不同程度地透过被检材料，对照相胶片产生感光作用。当射线通过被检查的工件时，因工件缺陷对射线的吸收能力不同，射线透射到胶片上的强度不一样，胶片感光程度也就不一样，这样就能准确、可靠、非破坏性地显示缺陷的形状、位置和大小。

γ 射线探伤装置由探伤机机体（源容器）、控制缆、输源管、源辫位置指示系统和源辫等部分组成（图 20）。

γ 射线探伤装置使用的放射源大部分是 ^{192}Ir 和 ^{75}Se，属于Ⅱ类放射源，管理上也称为高风险移动放射源（图 21、图 22）。

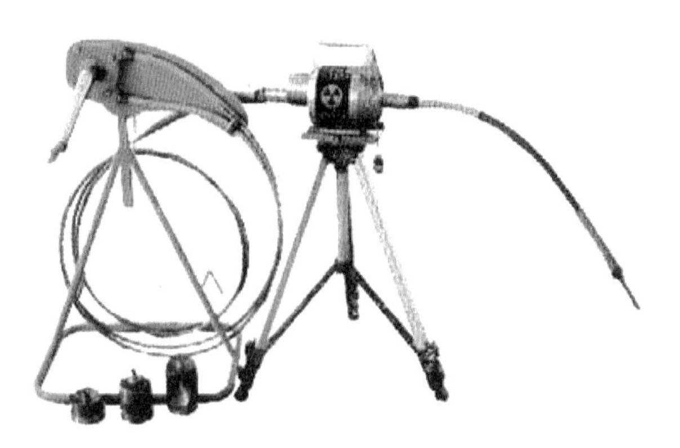

图 20 γ 射线探伤装置

Ir-192 型　　Co-60 型　　Se-75 型

图 21 不同核素的 γ 射线探伤机

图 22 部分 γ 射线探伤机

2. 辐射特点。γ 射线探伤机是含源射线装置，能量高，属于高危险源。γ 射线的贯穿能力很强，其辐射照射范围往往超出工作场所，主要应防止外照射。

3. 监督检查关注点。

（1）资料检查。

①核技术利用单位辐射安全许可证（检查有效期、许可种类、许可范围、数量以及法定代表人、单位名称、单位地址是否有变动）。

② γ 射线探伤项目环评批复（每种核素、每个场所均要一一对应）。

③ γ 射线探伤项目竣工环保验收批复或者自主验收（对应项目环评批复）。

④放射性同位素异地使用或转让审批表（由广西生态环境厅审批）。

⑤辐射场所监测报告（每个场所要一一对应）。

⑥个人剂量监测报告（辐射工作人员职业照射年有效剂量限值≤ 20mSv，剂量存在异常的查看调查报告）。

⑦辐射安全与防护培训合格证 / 成绩报告单（由生态环境主管部门颁发，要与每名辐射工作人员一一对应）。

⑧辐射事故应急预案合理性判断（人员是否为在职人员，应急救援电话是否有效，具体操作流程是否符合该单位实际情况）。

⑨制定有关辐射安全的其他规章制度。

（2）现场检查。

①放射源与射线装置数量及型号（编号）是否与核技术利用单位提供的台账和辐射安全许可证一致。

②携带监测仪器，确认每枚放射源是否存在（图 23）。

③检查放射源的管理，包括源容器是否破损，以及出入库使用台账、贮存库（暂存库）设置红外报警和监视器等安保设施（图 24 红圈处），是否落实双人双锁（图 25），放射源监测记录。

④检查作业现场辐射工作人员是否规范佩戴个人剂量片、配备辐射监测仪器和个人剂量报警仪，有无电离辐射警告标志、警示灯是否可正常使用、有无佩戴辐射防护用品等。

⑤根据《关于进一步加强 γ 射线移动探伤辐射安全管理的通知》《关于 γ 射线探伤装置的辐射安全要求》两份文件，进一步监督管理高风险移动放射源监控设备安装使用情况（图 26）。

⑥如有废旧放射源送贮或返回生产商，查阅相关回收材料，包括废旧放射源返回生产单位或送交广西城市放射性废物库证明材料、放射性同位素回收（收贮）备案审批表。

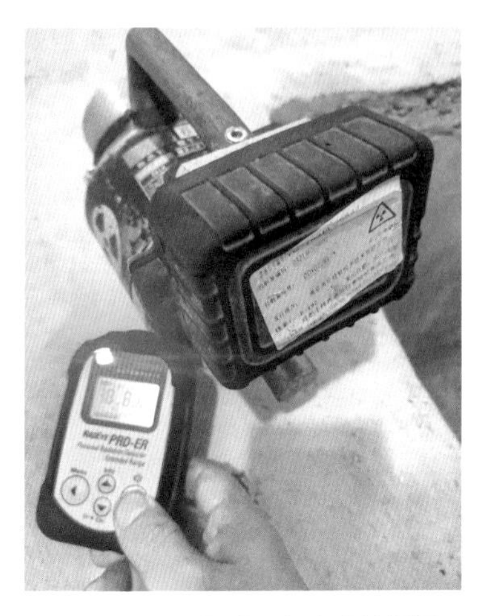

图 23　利用监测设备确认放射源

图 24　在暂存库设置红外报警和监视器等安保设施

图 25　暂存库库坑落实双人双锁

图 26　高风险移动放射源监控设备安装的定位系统

（九）车辆检查 X 射线装置

1. 基本介绍。X 射线中小型车辆检查系统是利用 X 射线透射成像原理对车辆进行扫描成像安全检查的先进机电一体化设备。X 射线源发射一定强度的 X 射线，射线穿透被检测车辆后一部分被吸收衰减，另一部分穿过被检车辆后照射到高灵敏度的探测器上，探测器将接收到的 X 射线信号转换为电信号和数字信号，并将转换后的信号传输到图像处理系统进行处理，最后得到被检查车辆的扫描图像。图像处理系统可以对原始数据进行各种针对性的处理，使图像中的细节更好辨识，从而区分是否有可疑危险品情况，达到检查的目的。目前的车辆检查系统多为射线源侧照式，探测器呈“L 形”布置，能够比较清晰地对大型货物运输车辆车厢进行扫描成像。车辆检查 X 射线装置属于Ⅱ类射线装置（图 27）。

2. 辐射特点。车辆检查 X 射线装置能量较高，通电后才会产生辐射，断电后即无辐射，事故发生时可以使受到照射的人员产生较严重的放射损伤，其安全与防护要求较高。

图 27　某海关同方威视车辆检查 X 射线装置

3. 监督检查关注点。

（1）资料检查。

①核技术利用单位辐射安全许可证（检查有效期、许可种类、许可范围、数量以及法定代表人、单位名称、单位地址是否有变动）。

②车辆安全检查系统项目环评批复或报告表批复（每台车辆安全检查系统要一一对应）。

③核技术利用项目竣工环保验收批复或者自主验收（对应项目环评批复）。

④辐射场所监测报告（每个场所要一一对应）。

⑤个人剂量监测报告（辐射工作人员职业照射年有效剂量限值≤ 20mSv，剂量存在异常的查看调查报告）。

⑥辐射安全与防护培训合格证 / 成绩报告单（由生态环境主管部门颁发，要与每名辐射工作人员一一对应）。

⑦辐射事故应急预案合理性判断（人员是否为在职人员，应急救援电话是否有效，具体操作流程是否符合该单位实际情况）。

⑧制定有关辐射安全的其他规章制度。

（2）现场检查。

①射线装置数量及型号、场所是否与核技术利用单位提供的射线装置台账和辐射安全许可证一致。

②检查作业现场辐射工作人员是否规范佩戴个人剂量片、配备辐射监测仪器，有无电离辐射警告标志、警示灯、辐射防护用品等。

③如有固定场所，检查是否划分控制区和监督区；检查场所视频监控和报警信号、标志及急停按钮的状态，还有辐射防护设施（环评文件及其审批要求）运行情况（图 28）。

④如是在室外检查车载的车辆检查 X 射线装置，应了解如何划分控制区和监督区，检查作业时相关警示用品（警告牌、警示灯、急停按钮等）是否正常使用（图 29）。

图 28　控制区设置视频监控、红外报警装置和电离辐射警示标志

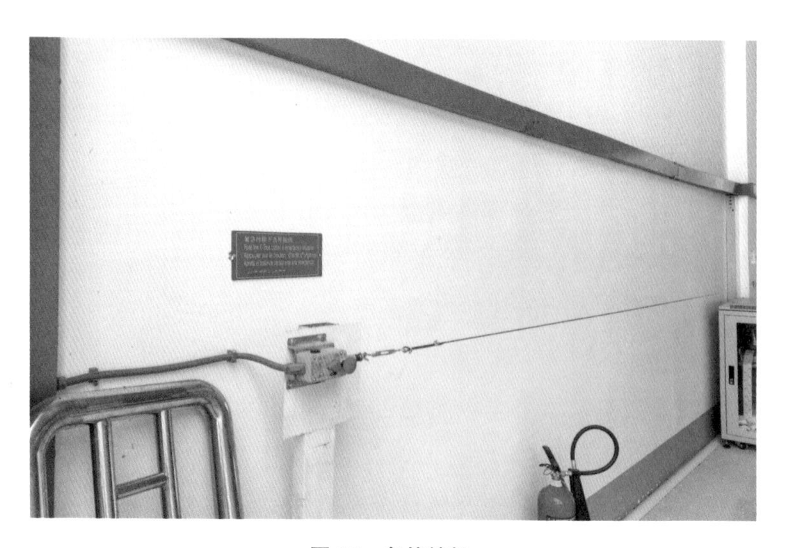

图 29　急停按钮

（十）Ⅲ类医用 X 射线装置

1. 基本介绍。医用 X 射线装置是将电能转变为 X 射线能的一套换能装置，利用 X 射线透过人体取得人体内器官与组织的各种影像，主要包括 X 射线摄影装置、X 射线透视装置和 X 射线计算机断层摄影装置。

工作原理：当穿过人体的透射 X 射线照射到影像增强器的输入屏上，获得亮度较弱的荧光影像，再经影像增强器增强后在输出屏上获得一个尺寸缩小、亮度比输入屏上的强千万倍的荧光影像。输出屏上的荧光影像经光学系统传输和校正后被摄像管摄取，从摄像管输出的视频电流信号经预放器放大及控制器进行图像信号控制、处理和放大后获得全电视信号，再输送到监视器，最终在监视器荧光屏上显示 X 射线透视图像。

医用 X 射线装置发展至今种类繁多，按照不同的分类原则，X 射线设备有多种分类方法。根据影像形式不同可分为透视 X 射线装置、摄影（拍片）X 射线装置和透视 / 摄影 X 射线装置；根据用途可分为普通 X 射线摄影装置、床旁 X 射线摄影装置、牙科 X 射线摄影装置；根据结构形式可分为固定式装置、移动式装置、携带式装置。具体见图 30、图 31。

X 射线透视是获得连续或断续的一系列 X 射线影像，并将其连续地显示为可见影像的技术。X 射线穿过人体以后，由于人体不同组织密度的差异而在荧光屏上形成一种黑白的影像。根据影像接收器的不同，透视装置分为荧光屏透视、影像增强器透视、平板探测器透视等，如胃肠机、模拟定位机和 C 型臂（图 32）。

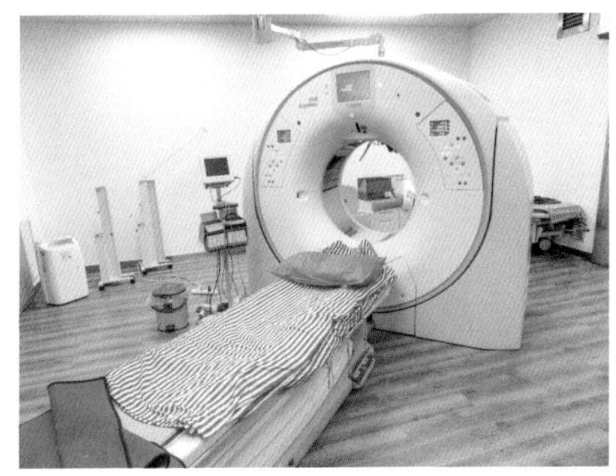

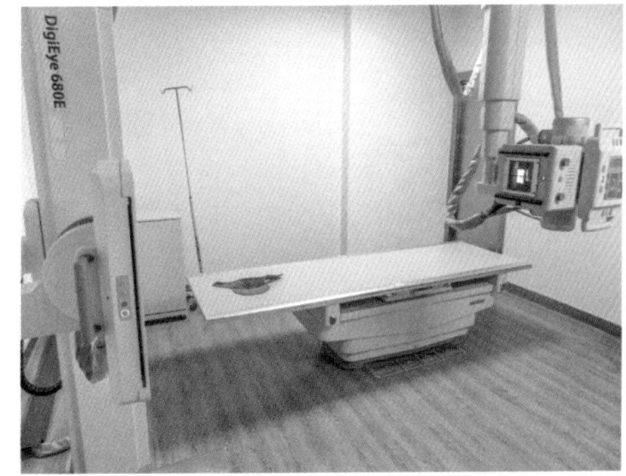

图 30　医院 CT 机、DR

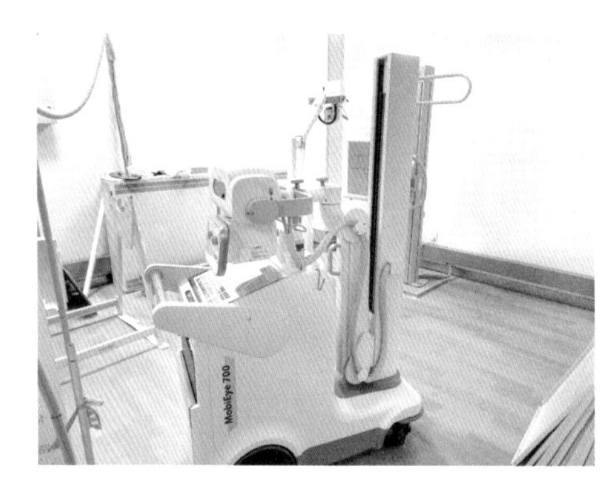

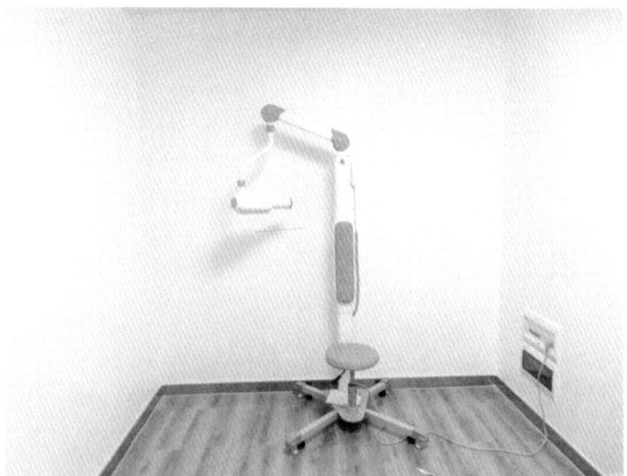

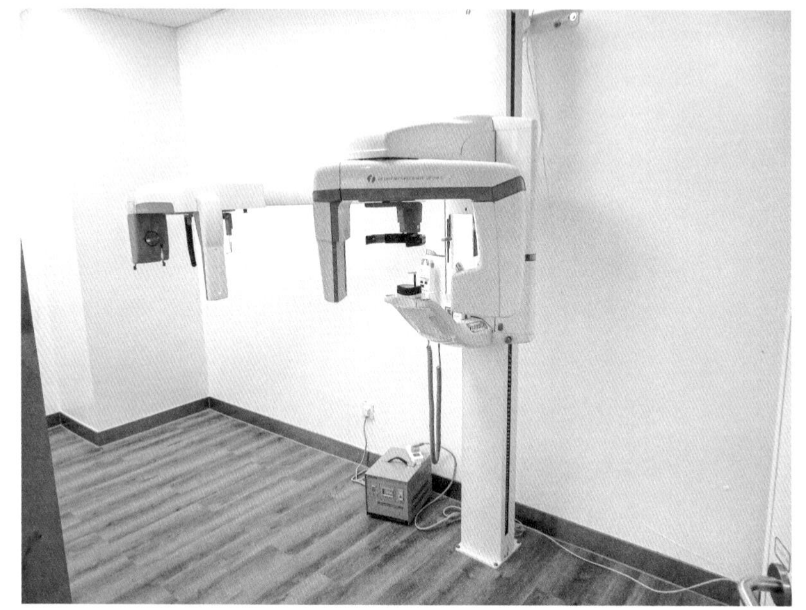

图 31　医院移动式 X 射线机、牙片机、全景牙片机

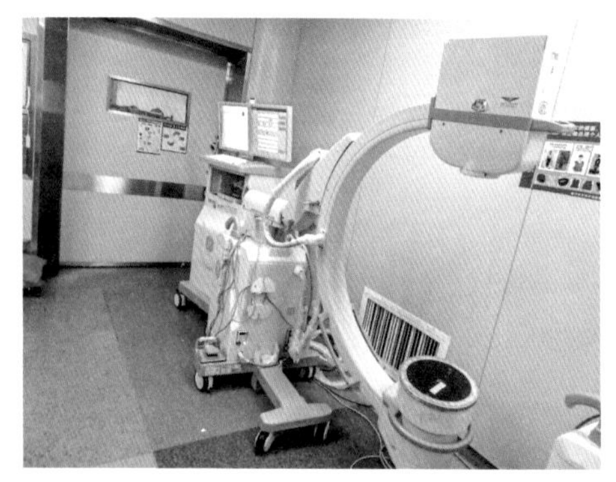

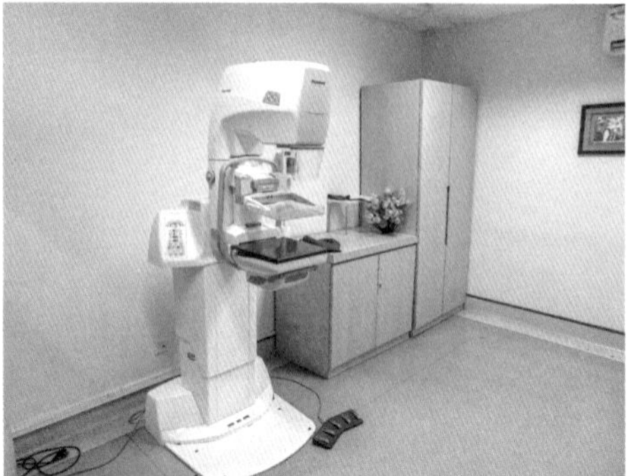

图 32　医院小 C 型臂和乳腺机

X 射线计算机断层摄影（图 33）是指受检者位于 X 射线管和探测器之间，用机器对其进行多方向的 X 射线扫描，并将检出的信号通过计算机处理实现重建断层影像。2000 年前占主导的是单排探测器，尽管扫描的方式可以是轴扫或螺旋扫描，但一次旋转只能扫描一个层面；2000 年后多排探测器的应用实现了一次旋转就能同时扫描多个层面，随着技术的发展，多排 CT 也迅速从 4 排发展到目前的 320 排。

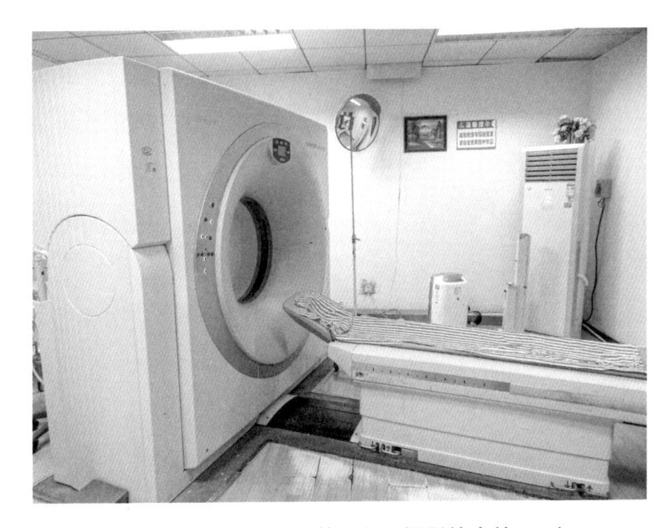

图 33　采用 X 射线计算机断层摄影技术的 CT 机

2. 辐射特点。医用 X 射线装置属于Ⅲ类射线装置，能量较小，通电后才会产生辐射，断电后即无辐射，其安全与防护要求相对简单。事故发生时一般不会使受到照射的人员产生放射损伤。

3. 监督检查关注点。

（1）资料检查。

①核技术利用单位辐射安全许可证（检查有效期、许可种类、许可范围、数量以及法定代表人、单位名称、单位地址是否有变动）。

②核技术利用项目环评备案表（每台医用 X 射线装置安装位置要一一对应）。

③辐射场所监测报告（每个场所要一一对应）。

④个人剂量监测报告（辐射工作人员职业照射年有效剂量限值≤ 20mSv，剂量存在异常的查看调查报告）。

⑤辐射安全与防护培训合格证 / 成绩报告单（由生态环境主管部门颁发或由单位自行培训颁发，要与每名辐射工作人员一一对应。注：单位自行培训考核针对的是仅从事Ⅲ类射线装置使用、销售的辐射工作人员）。

⑥辐射事故应急预案合理性判断（人员是否为在职人员，应急救援电话是否有效，具体操作流程是否符合该单位实际情况）。

⑦制定有关辐射安全的其他规章制度。

（2）现场检查。

①医用 X 射线装置数量及型号、场所是否与辐射安全许可证上登记的一致（注意：依据第 129 页相关内容，如有型号变更，电压或能量不超过许可证上的原场所射线装置是被允许的）。

②检查机房安全联锁、警示灯（指示灯）、铅门、紧急停机按钮等安全防护设备设施的运行状态。

③检查作业现场是否有电离辐射警告标志、辐射工作人员是否规范佩戴个人剂量片、辐射防护用品（图 34）、有无辐射事故应急预案和仪器简单操作规程等。

④根据其他核与辐射法律法规规定的要求进行检查。

图 34　一般医用射线装置机房门口和机房内的防护用品

（十一）血管造影用 X 射线装置（DSA）

1. 基本介绍。数字减影血管造影（digital subtraction angiography，DSA）是一种主要用于观察血管形态结构及病变情况的动态数字减影血管造影技术，其基本原理是将注入造影剂前后拍摄的两帧 X 射线图像经数字化输入图像计算机，通过减影、增强和再成像过程把血管造影片上的骨与软组织的影像消除，最终获得清晰的纯血管影像，同时实时地显现血管影像。DSA 具有对比度和分辨率高、检查时间短、造影剂用量少、辐射浓度低以及节省胶片等优点，在血管疾病的临床诊断中具有十分重要的意义。开展介入手术使用的 X 射线设备主要为 C 型臂类设备，包括小 C 型臂设备、中 C 型臂设备和大 C 型臂设备（图 35）。

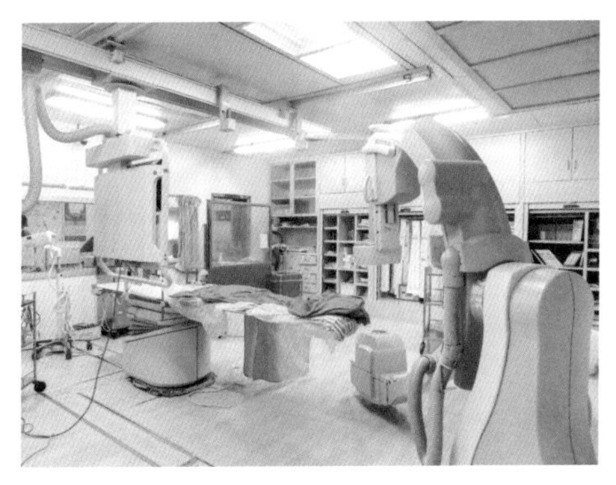

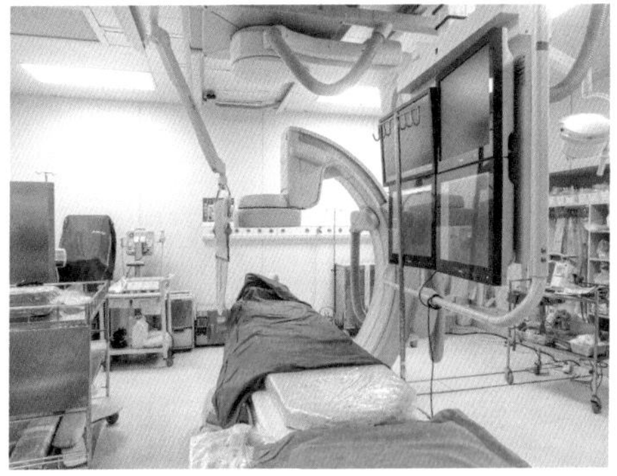

图 35　医院中不同型号的 DSA

2. 辐射特点。DSA 能量较高，使用高压电源，通电后才会产生辐射，断电后即无辐射，事故发生时可以使受到照射的人员产生较严重的放射损伤，其安全与防护要求较高。

3. 监督检查关注点。

（1）资料检查。

①核技术利用单位辐射安全许可证（检查有效期、许可种类、许可范围、数量以及法定代表人、单位名称、单位地址是否有变动）。

② DSA 项目环评批复（每台 DSA 安装位置要一一对应）。

③核技术利用项目竣工环保验收批复或者自主验收（对应项目环评批复）。

④辐射场所监测报告（每个场所要一一对应）。

⑤个人剂量监测报告（辐射工作人员职业照射年有效剂量限值≤ 20mSv，剂量存在异常的查看调查报告）。

⑥辐射安全与防护培训合格证 / 成绩报告单（由生态环境主管部门颁发，要与每名辐射工作人员一一对应）。

⑦辐射事故应急预案合理性判断（人员是否为在职人员，应急救援电话是否有效，具体操作流程是否符合该单位实际情况）。

⑧制定有关辐射安全的其他规章制度。

（2）现场检查。

① DSA 射线装置数量及型号、场所是否与辐射安全许可证登记的一致（注意：依据第 129 页相关内容，如有型号变更，许可证上场所不变更是被允许的）。

②检查机房安全联锁、警示灯（指示灯）、铅门、紧急停机按钮等安全防护设备设施的运行状态。

③检查作业现场是否有电离辐射警告标志、辐射工作人员是否规范佩戴个人剂量片和辐射防护用品、有无便携式辐射检测仪器、有无辐射剂量在线监测仪器、有无辐射事故应急预案和仪器简单操作规程等。

④根据其他核与辐射法律法规规定的要求进行检查。

（十二）医用电子直线加速器

1. 基本介绍。医用电子直线加速器属于Ⅱ类射线装置，是指利用微波电磁场加速电子并且具有直线运动轨道的加速装置，是用于患者肿瘤或其他病灶放射治疗的一种医疗器械（图 36）。

工作原理：在加速管内建立电磁场，电子被注入加速管后在微波电磁场的作用下不断加速，并以接近光速的速度出束。医用电子直线加速器能量单位一般用 MeV。一般医用电子直线加速器有两档能量 X 射线和多档能量电子直线供治疗选择，低能档 X 射线用于治疗头颈及四肢部位肿瘤，高能档 X 射线用于治疗胸腹部较深部位的肿瘤。医用电子直线加速器运行中产生的危害主要有初级辐射、次级辐射，以及感生放射性核素释放的 β 和 γ 射线、微波辐射与其他有害因素（如臭氧、氮氧化物）。

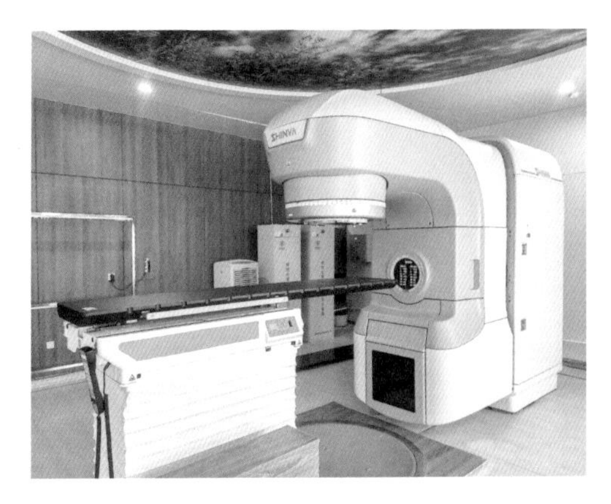
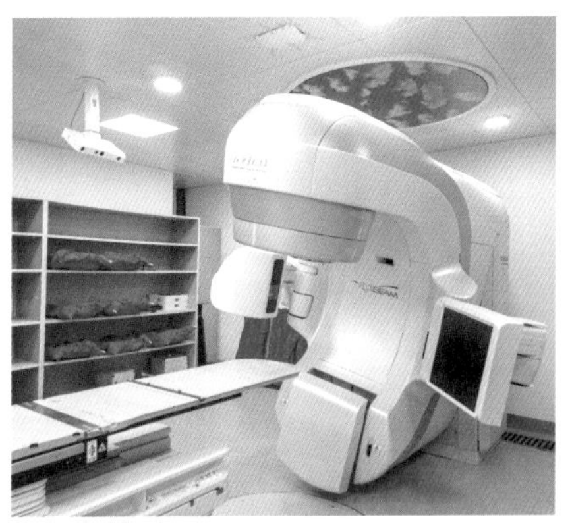

图 36　医院中不同型号医用电子直线加速器

2. 辐射特点。医用电子直线加速器能量较高，使用高压电源，通电后才会产生辐射，断电后即无辐射。当能量超过 10MeV 时，停机后还需考虑次级辐射和其他非放射性危险防护。事故发生时可以使受到照射的人员产生较严重的放射损伤，安全与防护要求较高。

3. 监督检查关注点。

（1）资料检查。

①核技术利用单位辐射安全许可证（检查有效期、许可种类、许可范围、数量以及法定代表人、单位名称、单位地址是否有变动）。

②医用电子直线加速器项目环评批复（每台加速器安装位置要一一对应）。

③核技术利用项目竣工环保验收批复或者自主验收（对应项目环评批复）。

④辐射场所监测报告（每个场所要一一对应）。

⑤个人剂量监测报告（辐射工作人员职业照射年有效剂量限值≤ 20mSv，剂量存在异常的查看调查报告）。

⑥辐射安全与防护培训合格证 / 成绩报告单（由生态环境主管部门颁发，要与每名辐射工作人员一一对应）。

⑦辐射事故应急预案合理性判断（人员是否为在职人员，应急救援电话是否有效，具体操作流程是否符合该单位实际情况）。

⑧制定有关辐射安全的其他规章制度。

（2）现场检查。

①医用电子直线加速器数量及型号、场所是否与辐射安全许可证登记的一致（注意：依据第 129 页相关内容，如有型号变更，许可证上场所不变更是被允许的）。

②检查机房安全联锁、警示灯（指示灯）、铅门、紧急停机按钮等安全防护设备设施的运行状态。

③检查作业现场是否有电离辐射警示标志、是否有迷道设置、辐射工作人员是否规范佩戴个人剂量片和辐射防护用品、有无辐射剂量在线监测仪器、有无便携式辐射检测仪器、有无辐射事故应急预案和仪器简单操作规程等（图 37）。

④根据其他核与辐射法律法规规定的要求进行检查。

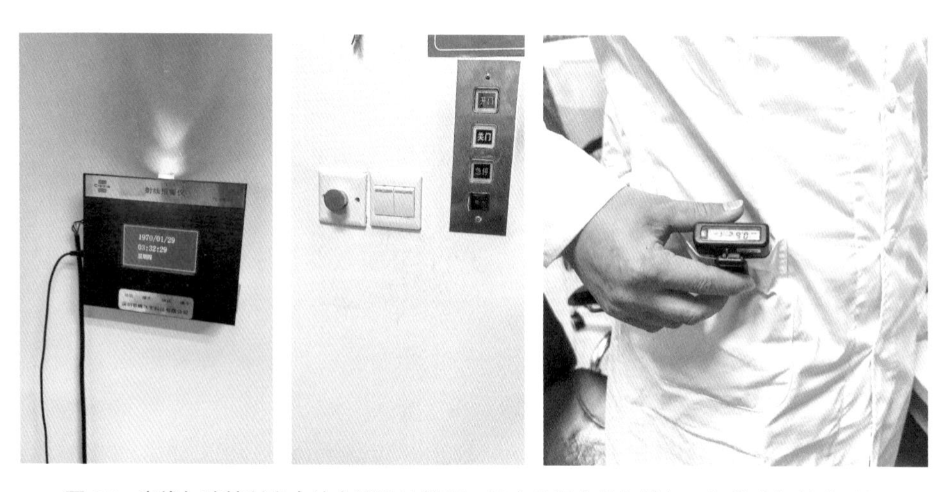

图 37　直线加速控制室内的在线监控警报、机房外紧急停机按钮、便携式辐射监测仪

（十三）核医学

1. 基本介绍。核医学是一门研究核素和核射线在医学领域中的应用及其理论的学科，应用放射性同位素及其射线来诊断、治疗和研究疾病。核医学是将放射性核素及其标记化合物即放射性药物引入实验体系或人体内，通过对核素发出的射线进行探测及成像来达到诊断的目的。一般的核医学探测设备自身不会产生放射性，核医学实践过程中放射线的来源主要是各种放射性药物，是一种非密封源，它既产生外照射，又因注射和污染而产生内照射。

核医学实践过程中的安全与防护要遵循电离辐射防护的三个原则，防止确定性效应的发生并降低随机性效应的发生概率。在核医学实践过程中，如果因为工作人员的错误操作，在放射性核素的生产、包装、订购、运输、接收、检查、开封、贮存到放射性药品的制备和给药，以及放射性废物的收集与处置等各个环节产生外照射和放射性污染，使职业人员、患者与公众受到过量的照射，有可能导致放射性事故的发生（图 38 至图 42）。

核医学场所是一个非密封放射性物质工作场所，根据放射性核素日等效最大操作量可分为甲、乙、丙三个级别。对于单纯核医学诊断工作场所，一般为乙级或丙级非密封放射性物质工作场所。甲级非密封源工作场所日等效最大操作量＞ 4×10^{9}Bq，乙级非密封源工作场所日等效最大操作量为 2×10^{7} ～ 4×10^{9}Bq，丙级非密封源工作场所日等效最大操作量为豁免活度值以上～ 2×10^{7}Bq。

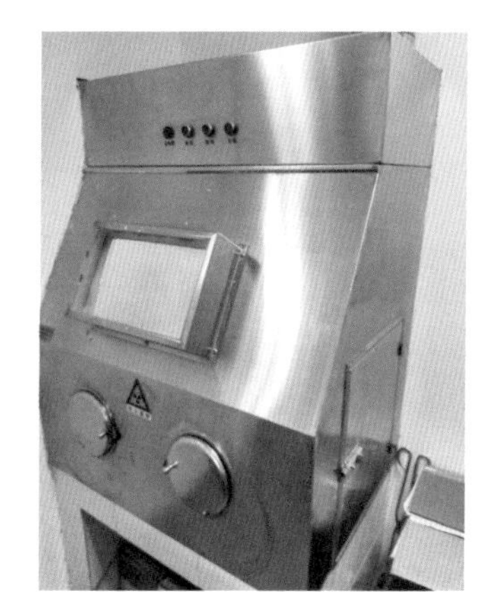

图 38　某医院的大分装柜、小分装柜

图 39　某医院的注射窗口、服药窗口

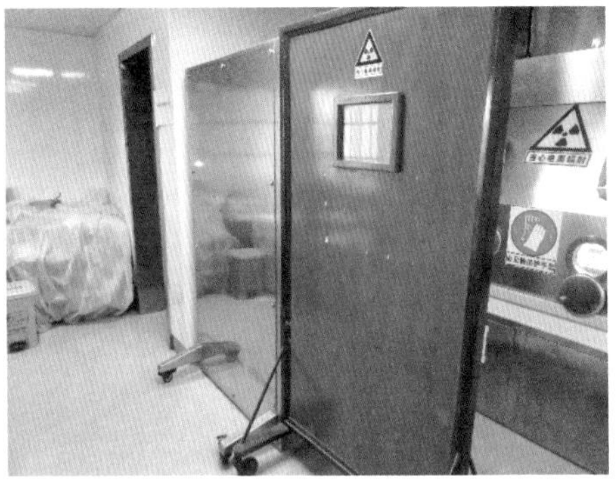

图 40　部分防护用品（转移铅盒、铅屏风）

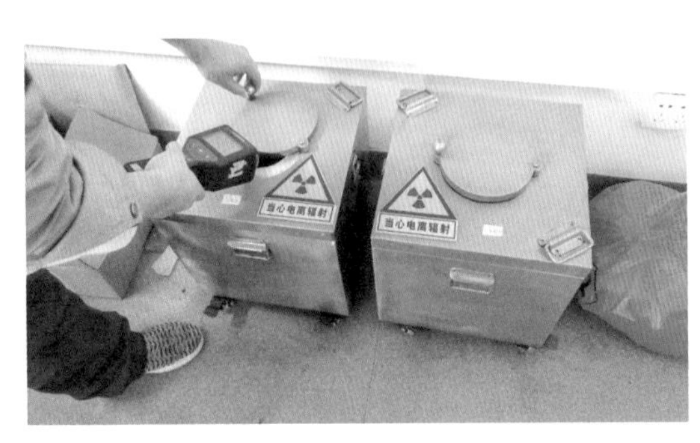

图 41　废物间固体废物收集桶

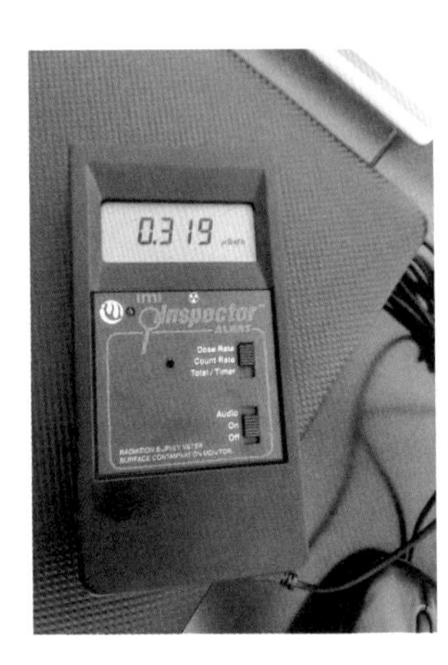

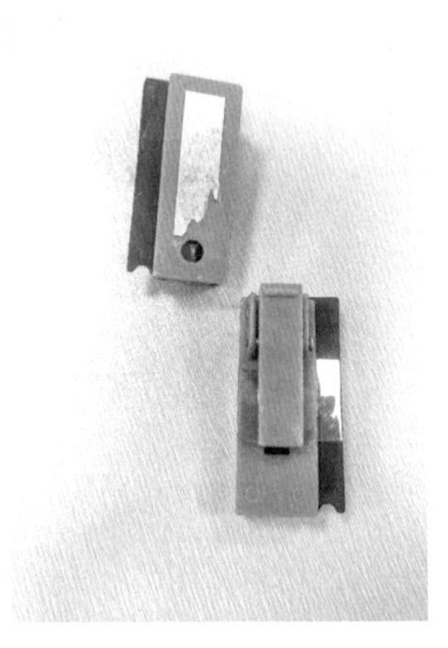
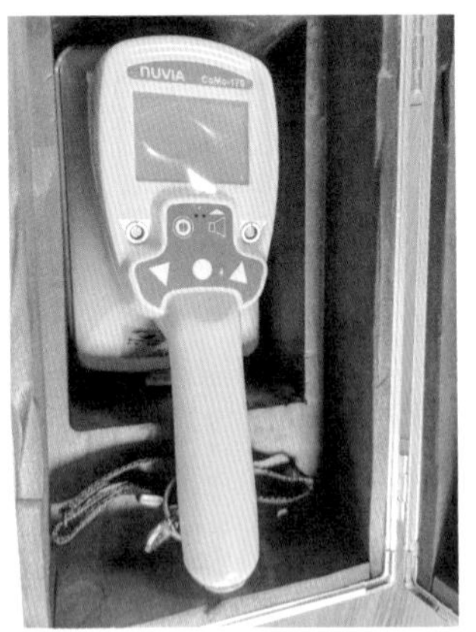

图 42　辐射监测仪器、个人剂量片、表面污染监测仪器

核医学检查与治疗通常使用 Tc-99m、I-131、I-123 等核素药物开展单光子发射型计算机断层显像仪（SPECT）显像诊断，使用 F-18、C-11 和 N-13 等核素药物开展 PET 显像诊断，使用 I-131、Sr-89、Ra-223 和 Lu-177 等核

素药物开展核医学治疗，相关场所通常属于乙级或丙级非密封放射性物质工作场所。

2. 辐射特点。核医学使用的放射性核素较多，涉及 α 射线、β 射线、γ 射线，防护要求高，外照射和内照射均要考虑。具有挥发性、易洒落特点，易沾污和被吸入、食入人体内。

3. 监督检查关注点。

（1）资料检查。

①核技术利用单位辐射安全许可证（检查有效期、许可种类、许可范围、数量以及法定代表人、单位名称、单位地址是否有变动）。

②核医学项目环评批复（每种核素、每个场所均要一一对应）。

③核医学项目竣工环保验收批复或者自主验收（对应项目环评批复）。

④放射性同位素转让审批表（由自治区生态环境厅审批）。

⑤辐射场所监测报告（每个场所要一一对应）。

⑥个人剂量监测报告（辐射工作人员职业照射年有效剂量限值≤ 20mSv，剂量存在异常的查看调查报告）。

⑦辐射安全与防护培训合格证 / 成绩报告单（由生态环境主管部门颁发，要与每名辐射工作人员一一对应）。

⑧辐射事故应急预案合理性判断（人员是否为在职人员，应急救援电话是否有效，具体操作流程是否符合该单位实际情况）。

⑨制定有关辐射安全的其他规章制度。

（2）现场检查。

①每种核素用量、使用场所是否与辐射安全许可证登记的一致（注意：使用场所如已变更，原使用场所须履行退役环评手续、新使用场所履行环评手续）。

②是否配备表面污染监测仪器。

③检查作业现场是否划分监督区和控制区（图 43），是否有电离辐射警告标志、指引标志。

④是否设置放射性废物暂存箱或暂存室。

⑤分装柜是否有独立排风系统。

⑥是否备有辐射事故应急物资（如应急棉纸、硫代硫酸钠等）。

⑦是否设有放射性废水衰变池，自主监测报告 / 记录。

⑧查阅放射性药物使用台账、环境辐射监测记录、放射性废物处理台账。

⑨检查辐射工作人员是否规范佩戴个人剂量片、辐射防护用品等。

⑩根据其他核与辐射法律法规规定的要求进行检查。

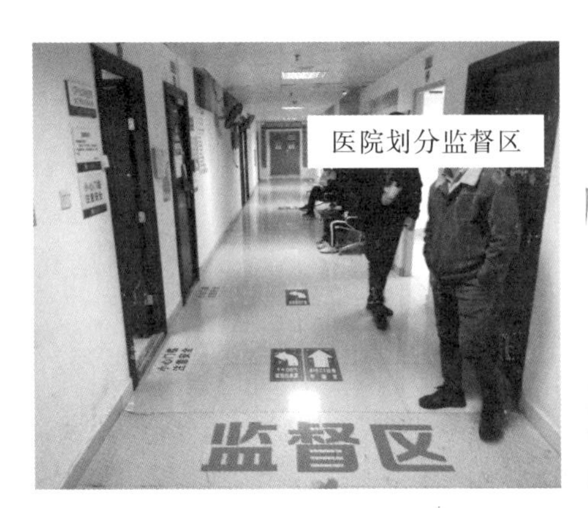

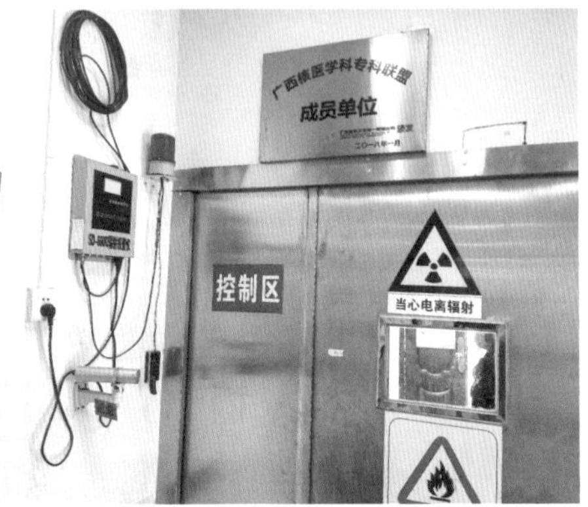

图 43　医院划分监督区和控制区

（十四）皮肤敷贴器

1. 基本介绍。敷贴治疗的原理是使用发射 β 射线的放射性核素（如 ^{32}P、^{90}Sr 或 ^{90}Y），将其均匀地吸附于滤纸或银箔上，按病变形状和大小制成专用的敷贴器，把敷贴器紧贴于病变的表面，对表浅病变进行外照射治疗。某些病变对 β 射线较敏感，经电离辐射作用，微血管发生萎缩、闭塞等退行性改变，某些症状经照射后引起局部血管渗透性改变、白细胞增加和吞噬作用增强而获得治愈；增生性病变经辐照后细胞分裂速度变慢，病变得以控制，从而达到治疗目的。将有一定活度与能量的放射性核素通过一定的方式密封起来，制成具有不同形状和面积的面状源，作为敷贴治疗用的放射源，简称敷贴器或敷贴源。通常使用 ^{90}Sr–^{90}Y 敷贴源（图 44）。

2. 辐射特点。^{90}Sr–^{90}Y 敷贴源通常属于Ⅳ、Ⅴ类放射源，基本不会对人体造成永久性损伤，但对长时间、近距离接触这些放射源的人可能造成可恢复的临时性损伤。

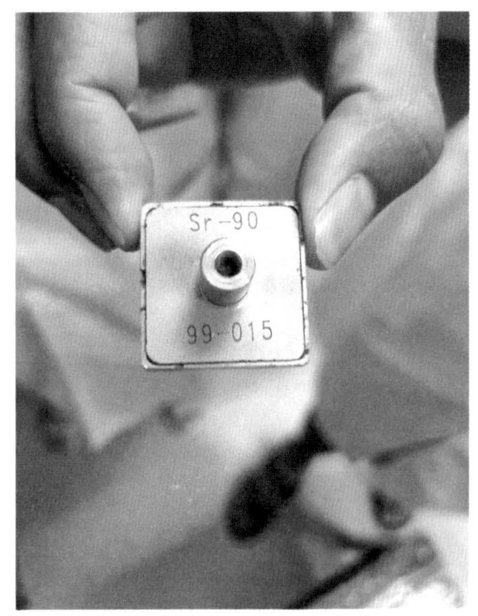

图 44　^{90}Sr–^{90}Y 敷贴源

3. 监督检查关注点。

（1）资料检查。

①核技术利用单位辐射安全许可证（检查有效期、许可种类、许可范围、数量以及法定代表人、单位名称、单位地址是否有变动）。

②敷贴治疗项目环评批复或备案表（每枚放射源要一一对应）。

③辐射场所监测报告（每个场所要一一对应）。

④个人剂量监测报告（辐射工作人员职业照射年有效剂量限值≤ 20mSv，剂量存在异常的查看调查报告）。

⑤辐射安全与防护培训合格证 / 成绩报告单（由生态环境主管部门颁发，要与每名辐射工作人员一一对应）。

⑥辐射事故应急预案合理性判断（人员是否为在职人员，应急救援电话是否有效，具体操作流程是否符合该单位实际情况）。

⑦制定有关辐射安全的其他规章制度。

（2）现场检查。

①放射源数量及编号、场所是否与辐射安全许可证登记的一致。

②携带好监测仪器，确认每枚放射源是否存在（图 45）。

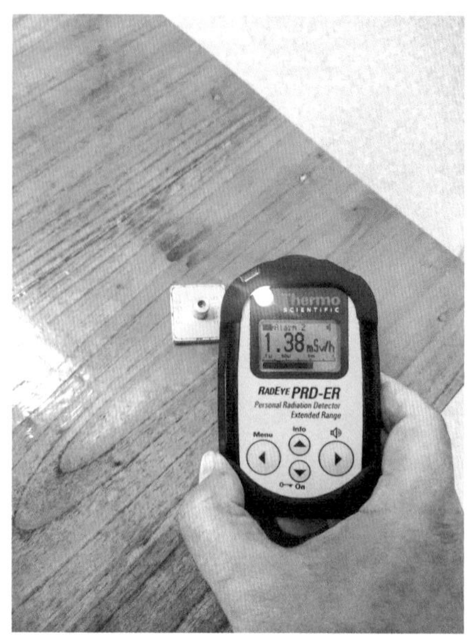

图 45　敷贴器存于保险柜，使用仪器确认放射源存在

③检查源容器是否破损，是否双人双锁，以及出入库使用记录、视频实时监控等。

④检查作业现场辐射工作人员是否规范佩戴个人剂量片、有无电离辐射警示标志、有无辐射防护用品等。

⑤如有废旧放射源送贮或返回生产商，查阅相关回收材料，包括废旧放射源返回生产单位或送交广西城市放射性废物库证明材料、放射性同位素回收（收贮）备案审批表。

第二章

常用辐射安全法律、规定及相关公告

一、辐射安全许可证相关规定

（一）办理的必要性

1.《中华人民共和国放射性污染防治法》第二十八条：生产、销售、使用放射性同位素和射线装置的单位，应当按照国务院有关放射性同位素与射线装置放射防护的规定申请领取许可证，办理登记手续。

转让、进口放射性同位素和射线装置的单位以及装备有放射性同位素的仪表的单位，应当按照国务院有关放射性同位素与射线装置放射防护的规定办理有关手续。

2.《放射性同位素与射线装置安全和防护条例》第五条：生产、销售、使用放射性同位素和射线装置的单位，应当依照本章规定取得许可证。

3.《放射性同位素与射线装置安全许可管理办法》第二条：在中华人民共和国境内生产、销售、使用放射性同位素与射线装置的单位，应当依照本办法的规定，取得辐射安全许可证。

进口、转让放射性同位素，进行放射性同位素野外示踪试验，应当依照本办法的规定报批。

出口放射性同位素，应当依照本办法的规定办理有关手续。

使用放射性同位素的单位将放射性同位素转移到外省、自治区、直辖市使用的，应当依照本办法的规定备案。

本办法所称放射性同位素包括放射源和非密封放射性物质。

（二）许可审批规定

1.《放射性同位素与射线装置安全和防护条例》第六条：除医疗使用Ⅰ类放射源、制备正电子发射计算机断层扫描用放射性药物自用的单位外，生产放射性同位素、销售和使用Ⅰ类放射源、销售和使用Ⅰ类射线装置的单位的许可证，由国务院生态环境主管部门审批颁发。

除国务院生态环境主管部门审批颁发的许可证外，其他单位的许可证，由省、自治区、直辖市人民政府生态环境主管部门审批颁发。

国务院生态环境主管部门向生产放射性同位素的单位颁发许可证前，应当将申请材料印送其行业主管部门征求意见。

生态环境主管部门应当将审批颁发许可证的情况通报同级公安部门、卫生主管部门。

2.《放射性同位素与射线装置安全许可管理办法》。

（1）第四条：除医疗使用Ⅰ类放射源、制备正电子发射计算机断层扫描用放射性药物自用的单位外，生产放射性同位素、销售和使用Ⅰ类放射源、销售和使用Ⅰ类射线装置的辐射工作单位的许可证，由国务院生态环境主管部门审批颁发。

除国务院生态环境主管部门审批颁发的许可证外，其他辐射工作单位的许可证，由省、自治区、直辖市人民政府生态环境主管部门审批颁发。

一个辐射工作单位生产、销售、使用多类放射源、射线装置或者非密封放射性物质的，只需要申请一个许可证。

辐射工作单位需要同时分别向国务院生态环境主管部门和省级生态环境主管部门申请许可证的，其许可证由国务院生态环境主管部门审批颁发。

生态环境主管部门应当将审批颁发许可证的情况通报同级公安部门、卫生主管部门。

（2）第五条：省级以上人民政府生态环境主管部门可以委托下一级人民政府生态环境主管部门审批颁发许可证。

（3）第十九条：生态环境主管部门在受理申请时，应当告知申请单位按照环境影响评价文件中描述的放射性同位素与射线装置的生产、销售、使用的规划设计规模申请许可证。

生态环境主管部门应当自受理申请之日起 20 个工作日内完成审查，符合条件的，颁发许可证，并予以公告；不符合条件的，书面通知申请单位并说明理由。

（三）许可证内容

1.《放射性同位素与射线装置安全和防护条例》第十条：许可证包括下列主要内容：①单位的名称、地址、法定代表人；②所从事活动的种类和范围；③有效期限；④发证日期和证书编号。

2.《放射性同位素与射线装置安全许可管理办法》第二十条：许可证包括下列主要内容：①单位的名称、地址、法定代表人；②所从事活动的种类和范围；③有效期限；④发证日期和证书编号。

许可证中活动的种类分为生产、销售和使用三类；活动的范围是指辐射工作单位生产、销售、使用的所有放射性同位素的类别、总活度和射线装置的类别、数量。

许可证分为正本和副本，具有同等效力。

（四）办理手续

1.《放射性同位素与射线装置安全和防护条例》。

（1）第七条：生产、销售、使用放射性同位素和射线装置的单位申请领取许可证，应当具备下列条件：

①有与所从事的生产、销售、使用活动规模相适应的，具备相应专业知识和防护知识及健康条件的专业技术人员；

②有符合国家环境保护标准、职业卫生标准和安全防护要求的场所、设施和设备；

③有专门的安全和防护管理机构或者专职、兼职安全和防护管理人员，并配备必要的防护用品和监测仪器；

④有健全的安全和防护管理规章制度、辐射事故应急措施；

⑤产生放射性废气、废液、固体废物的，具有确保放射性废气、废液、固体废物达标排放的处理能力或者可行的处理方案。

（2）第八条：生产、销售、使用放射性同位素和射线装置的单位，应当事先向有审批权的生态环境主管部门提出许可申请，并提交符合本条例第七条规定条件的证明材料。

使用放射性同位素和射线装置进行放射诊疗的医疗卫生机构，还应当获得放射源诊疗技术和医用辐射机构许可。

2.《放射性同位素与射线装置安全许可管理办法》。

（1）第十三条：生产放射性同位素的单位申请领取许可证，应当具备下列条件：

①设有专门的辐射安全与环境保护管理机构。

②有不少于5名核物理、放射化学、核医学和辐射防护等相关专业的技术人员，其中具有高级职称的不少于1名。

生产半衰期大于60天的放射性同位素的单位，前项所指的专业技术人员应当不少于30名，其中具有高级职称的不少于6名。

③从事辐射工作的人员必须通过辐射安全和防护专业知识及相关法律法规的培训和考核，其中辐射安全关键岗位应当由注册核安全工程师担任。

④有与设计生产规模相适应，满足辐射安全和防护、实体保卫要求的放射性同位素生产场所、生产设施、暂存库或暂存设备，并拥有生产场所和生产设施的所有权。

⑤具有符合国家相关规定要求的运输、贮存放射性同位素的包装容器。

⑥具有符合国家放射性同位素运输要求的运输工具，并配备有5年以上驾龄的专职司机。

⑦配备与辐射类型和辐射水平相适应的防护用品和监测仪器，包括个人剂量测量报警、固定式和便携式辐射监测、表面污染监测、流出物监测等设备。

⑧建立健全的操作规程、岗位职责、辐射防护制度、安全保卫制度、设备检修维护制度、人员培训制度、台账管理制度和监测方案。

⑨建立事故应急响应机构，制定应急响应预案和应急人员的培训演习制度，有必要的应急装备和物资准备，有与设计生产规模相适应的事故应急处理能力。

⑩具有确保放射性废气、废液、固体废物达标排放的处理能力或者可行的处理方案。

（2）第十四条：销售放射性同位素的单位申请领取许可证，应当具备下列条件：

①设有专门的辐射安全与环境保护管理机构，或者至少有1名具有本科以上学历的技术人员专职负责辐射安全与环境保护管理工作。

②从事辐射工作的人员必须通过辐射安全和防护专业知识及相关法律法规的培训和考核。

③需要暂存放射性同位素的，有满足辐射安全和防护、实体保卫要求的

暂存库或设备。

④需要安装调试放射性同位素的，有满足防止误操作、防止工作人员和公众受到意外照射要求的安装调试场所。

⑤具有符合国家相关规定要求的贮存、运输放射性同位素的包装容器。

⑥运输放射性同位素能使用符合国家放射性同位素运输要求的运输工具。

⑦配备与辐射类型和辐射水平相适应的防护用品和监测仪器，包括个人剂量测量报警、便携式辐射监测、表面污染监测等仪器。

⑧有健全的操作规程、岗位职责、安全保卫制度、辐射防护措施、台账管理制度、人员培训计划和监测方案。

⑨有完善的辐射事故应急措施。

（3）第十五条：生产、销售射线装置的单位申请领取许可证，应当具备下列条件：

①设有专门的辐射安全与环境保护管理机构，或至少有 1 名具有本科以上学历的技术人员专职负责辐射安全与环境保护管理工作。

②从事辐射工作的人员必须通过辐射安全和防护专业知识及相关法律法规的培训和考核。

③射线装置生产、调试场所满足防止误操作、防止工作人员和公众受到意外照射的安全要求。

④配备必要的防护用品和监测仪器。

⑤有健全的操作规程、岗位职责、辐射防护措施、台账管理制度、培训计划和监测方案。

⑥有辐射事故应急措施。

（4）第十六条：使用放射性同位素、射线装置的单位申请领取许可证，应当具备下列条件：

①使用Ⅰ类、Ⅱ类、Ⅲ类放射源，使用Ⅰ类、Ⅱ类射线装置的，应当设有专门的辐射安全与环境保护管理机构，或者至少有 1 名具有本科以上学历的技术人员专职负责辐射安全与环境保护管理工作；其他辐射工作单位应当有 1 名具有大专以上学历的技术人员专职或者兼职负责辐射安全与环境保护管理工作；依据辐射安全关键岗位名录，应当设立辐射安全关键岗位的，该

岗位应当由注册核安全工程师担任。

②从事辐射工作的人员必须通过辐射安全和防护专业知识及相关法律法规的培训和考核。

③使用放射性同位素的单位应当有满足辐射防护和实体保卫要求的放射源暂存库或设备。

④放射性同位素与射线装置使用场所有防止误操作、防止工作人员和公众受到意外照射的安全措施。

⑤配备与辐射类型和辐射水平相适应的防护用品和监测仪器，包括个人剂量测量报警、辐射监测等仪器。使用非密封放射性物质的单位还应当有表面污染监测仪。

⑥有健全的操作规程、岗位职责、辐射防护和安全保卫制度、设备检修维护制度、放射性同位素使用登记制度、人员培训计划、监测方案等。

⑦有完善的辐射事故应急措施。

⑧产生放射性废气、废液、固体废物的，还应具有确保放射性废气、废液、固体废物达标排放的处理能力或者可行的处理方案。

使用放射性同位素和射线装置开展诊断和治疗的单位，还应当配备质量控制检测设备，制定相应的质量保证大纲和质量控制检测计划，至少有一名医用物理人员负责质量保证与质量控制检测工作。

（5）第十七条：将购买的放射源装配在设备中销售的辐射工作单位，按照销售和使用放射性同位素申请领取许可证。

（6）第十八条：申请领取许可证的辐射工作单位应当向有审批权的生态环境主管部门提交下列材料：

①辐射安全许可证申请表；②满足本办法第十三条至第十六条相应规定的证明材料；③单位现存的和拟新增加的放射源和射线装置明细表。

（五）变更手续

1.《放射性同位素与射线装置安全和防护条例》第十一条：持证单位变更单位名称、地址、法定代表人的，应当自变更登记之日起20日内，向原发证机关申请办理许可证变更手续。

2.《放射性同位素与射线装置安全许可管理办法》第二十二条：辐射工

作单位变更单位名称、地址和法定代表人的，应当自变更登记之日起 20 日内，向原发证机关申请办理许可证变更手续，并提供许可证变更申请报告。

原发证机关审查同意后，换发许可证。

（六）重新申领手续

1.《放射性同位素与射线装置安全和防护条例》第十二条：有下列情形之一的，持证单位应当按照原申请程序，重新申请领取许可证：①改变所从事活动的种类或者范围的；②新建或者改建、扩建生产、销售、使用设施或者场所的。

2.《放射性同位素与射线装置安全许可管理办法》第二十三条：有下列情形之一的，持证单位应当按照本办法规定的许可证申请程序，重新申请领取许可证：①改变许可证规定的活动的种类或者范围的；②新建或者改建、扩建生产、销售、使用设施或者场所的。

（七）延续手续

1.《放射性同位素与射线装置安全和防护条例》第十三条：许可证有效期为 5 年。有效期届满，需要延续的，持证单位应当于许可证有效期届满 30 日前，向原发证机关提出延续申请。原发证机关应当自受理延续申请之日起，在许可证有效期届满前完成审查，符合条件的，予以延续；不符合条件的，书面通知申请单位并说明理由。

2.《放射性同位素与射线装置安全许可管理办法》第二十四条：许可证有效期为 5 年。有效期届满，需要延续的，应当于许可证有效期届满 30 日前向原发证机关提出延续申请，并提供下列材料：①许可证延续申请报告；②监测报告；③许可证有效期内的辐射安全防护工作总结。

原发证机关应当自受理延续申请之日起，在许可证有效期届满前完成审查，符合条件的，予以延续，换发许可证，并使用原许可证的编号；不符合条件的，书面通知申请单位并说明理由。

（八）注销手续

1.《放射性同位素与射线装置安全和防护条例》第十四条：持证单位部

分终止或者全部终止生产、销售、使用放射性同位素和射线装置活动的，应当向原发证机关提出部分变更或者注销许可证申请，由原发证机关核查合格后，予以变更或者注销许可证。

2.《放射性同位素与射线装置安全许可管理办法》第二十五条：辐射工作单位部分终止或者全部终止生产、销售、使用放射性同位素与射线装置活动的，应当向原发证机关提出部分变更或者注销许可证申请，由原发证机关核查合格后，予以变更或者注销许可证。

二、项目环境影响评价手续

（一）办理的必要性

1.《中华人民共和国放射性污染防治法》第二十九条：生产、销售、使用放射性同位素和加速器、中子发生器以及含放射源的射线装置的单位，应当在申请领取许可证前编制环境影响评价文件，报省、自治区、直辖市人民政府环境保护行政主管部门审查批准；未经批准，有关部门不得颁发许可证。

国家建立放射性同位素备案制度。具体办法由国务院规定。

2.《建设项目环境保护管理条例》第二章（略）。

3.《放射性同位素与射线装置安全许可管理办法》第七条：辐射工作单位在申请领取许可证前，应当组织编制或者填报环境影响评价文件，并依照国家规定程序报生态环境主管部门审批。

（二）建设项目分级审批管理

1.《放射性同位素与射线装置安全许可管理办法》。

（1）第八条：根据放射性同位素与射线装置的安全和防护要求及其对环境的影响程度，对环境影响评价文件实行分类管理。

转让放射性同位素和射线装置的活动不需要编制环境影响评价文件。

（2）第九条：申请领取许可证的辐射工作单位从事下列活动的，应当组织编制环境影响报告书：①生产放射性同位素的（制备 PET 用放射性药物的除外）；②使用 I 类放射源的（医疗使用的除外）；③销售（含建造）、使用 I 类射线装置的。

（3）第十条：申请领取许可证的辐射工作单位从事下列活动的，应当组织编制环境影响报告表：①制备 PET 用放射性药物的；②销售Ⅰ类、Ⅱ类、Ⅲ类放射源的；③医疗使用Ⅰ类放射源的；④使用Ⅱ类、Ⅲ类放射源的；⑤生产、销售、使用Ⅱ类射线装置的。

（4）第十一条：申请领取许可证的辐射工作单位从事下列活动的，应当填报环境影响登记表：①销售、使用Ⅳ类、Ⅴ类放射源的；②生产、销售、使用Ⅲ类射线装置的。

2.《建设项目环境影响评价分类管理名录（2021 年版）》。

3.《广西壮族自治区建设项目环境影响评价文件分级审批管理办法（2022 年修订版）》。

三、项目竣工环境保护验收手续

（一）办理的必要性

1.《中华人民共和国放射性污染防治法》第三十条：新建、改建、扩建放射工作场所的放射防护设施，应当与主体工程同时设计、同时施工、同时投入使用。

放射防护设施应当与主体工程同时验收；验收合格的，主体工程方可投入生产或者使用。

2. 详见《建设项目环境保护管理条例》第三章。

（二）办理具体规定

详见《建设项目竣工环境保护验收暂行办法》。

四、辐射安全管理规定

（一）制度建立要求

1.《中华人民共和国放射性污染防治法》第三十三条：生产、销售、使用、贮存放射源的单位，应当建立健全安全保卫制度，指定专人负责，落实安全责任制，制定必要的事故应急措施。发生放射源丢失、被盗和放射性污染事故时，有关单位和个人必须立即采取应急措施，并向公安部门、卫生行政部门和环境保护行政主管部门报告。

公安部门、卫生行政部门和环境保护行政主管部门接到放射源丢失、被盗和放射性污染事故报告后，应当报告本级人民政府，并按照各自的职责立即组织采取有效措施，防止放射性污染蔓延，减少事故损失。当地人民政府应当及时将有关情况告知公众，并做好事故的调查、处理工作。

2.《放射性同位素与射线装置安全和防护条例》第七条：生产、销售、使用放射性同位素和射线装置的单位申请领取许可证，应当具备下列条件：

①有与所从事的生产、销售、使用活动规模相适应的，具备相应专业知识和防护知识及健康条件的专业技术人员；

②有符合国家环境保护标准、职业卫生标准和安全防护要求的场所、设施和设备；

③有专门的安全和防护管理机构或者专职、兼职安全和防护管理人员，并配备必要的防护用品和监测仪器；

④有健全的安全和防护管理规章制度、辐射事故应急措施；

⑤产生放射性废气、废液、固体废物的，具有确保放射性废气、废液、固体废物达标排放的处理能力或者可行的处理方案。

（二）辐射工作人员培训

1.《放射性同位素与射线装置安全和防护条例》第二十八条：生产、销售、使用放射性同位素和射线装置的单位，应当对直接从事生产、销售、使用活动的工作人员进行安全和防护知识教育培训，并进行考核；考核不合格的，不得上岗。

辐射安全关键岗位应当由注册核安全工程师担任。辐射安全关键岗位名录由国务院生态环境主管部门商国务院有关部门制定并公布。

2.《放射性同位素与射线装置安全和防护管理办法》。

（1）第十七条：生产、销售、使用放射性同位素与射线装置的单位，应当按照环境保护部（现指生态环境部，后同）审定的辐射安全培训和考试大纲，对直接从事生产、销售、使用活动的操作人员以及辐射防护负责人进行辐射安全培训，并进行考核；考核不合格的，不得上岗。

（2）第十八条：辐射安全培训分为高级、中级和初级三个级别。

从事下列活动的辐射工作人员，应当接受中级或者高级辐射安全培训：①生产、销售、使用Ⅰ类放射源的；②在甲级非密封放射性物质工作场所操作放射性同位素的；③使用Ⅰ类射线装置的；④使用伽马射线移动探伤设备的。

从事前款所列活动单位的辐射防护负责人，以及从事前款所列装置、设备和场所设计、安装、调试、倒源、维修以及其他与辐射安全相关技术服务活动的人员，应当接受中级或者高级辐射安全培训。

本条第二款、第三款规定以外的其他辐射工作人员，应当接受初级辐射安全培训。

（3）第十九条：从事辐射安全培训的单位，应当具备下列条件：①有健全的培训管理制度并有专职培训管理人员；②有常用的辐射监测设备；③有与培训规模相适应的教学、实践场地与设施；④有核物理、辐射防护、核技术应用及相关专业本科以上学历的专业教师。

拟开展初级辐射安全培训的单位，应当有五名以上专业教师，其中至少两名具有注册核安全工程师执业资格。

拟开展中级或者高级辐射安全培训的单位，应当有十名以上专业教师，其中至少五名具有注册核安全工程师执业资格，外聘教师不得超过教师总数的 30%。

从事辐射安全培训的专业教师应当接受环境保护部组织的培训，具体办法由环境保护部另行制定。

（4）第二十一条：从事辐射安全培训的单位负责对参加辐射安全培训的人员进行考核，并对考核合格的人员颁发辐射安全培训合格证书。辐射安全培训合格证书的格式由环境保护部规定。

取得高级别辐射安全培训合格证书的人员，不需再接受低级别的辐射安全培训。

（5）第二十二条：取得辐射安全培训合格证书的人员，应当每四年接受一次再培训。

辐射安全再培训包括新颁布的相关法律、法规和辐射安全与防护专业标准、技术规范，以及辐射事故案例分析与经验反馈等内容。

不参加再培训的人员或者再培训考核不合格的人员，其辐射安全培训合格证书自动失效。

3.《生态环境部关于进一步优化辐射安全考核的公告》（生态环境部公告2021年 第9号)(详见第128页)。

（三）辐射工作场所监测要求

《放射性同位素与射线装置安全和防护管理办法》。

（1）第九条：生产、销售、使用放射性同位素与射线装置的单位，应当按照国家环境监测规范，对相关场所进行辐射监测，并对监测数据的真实性、可靠性负责；不具备自行监测能力的，可以委托经省级人民政府环境保护主管部门（现指生态环境主管部门，后同）认定的环境监测机构进行监测。

（2）第十条：建设项目竣工环境保护验收涉及的辐射监测和退役核技术利用项目的终态辐射监测，由生产、销售、使用放射性同位素与射线装置的单位委托经省级以上人民政府环境保护主管部门批准的有相应资质的辐射环境监测机构进行。

（四）辐射工作人员个人剂量管理

1.《放射性同位素与射线装置安全和防护条例》第二十九条：生产、销售、使用放射性同位素和射线装置的单位，应当严格按照国家关于个人剂量监测和健康管理的规定，对直接从事生产、销售、使用活动的工作人员进行个人剂量监测和职业健康检查，建立个人剂量档案和职业健康监护档案。

2.《放射性同位素与射线装置安全和防护管理办法》。

（1）第二十三条：生产、销售、使用放射性同位素与射线装置的单位，应当按照法律、行政法规以及国家环境保护和职业卫生标准，对本单位的辐射工作人员进行个人剂量监测；发现个人剂量监测结果异常的，应当立即核实和调查，并将有关情况及时报告辐射安全许可证发证机关。

生产、销售、使用放射性同位素与射线装置的单位，应当安排专人负责个人剂量监测管理，建立辐射工作人员个人剂量档案。个人剂量档案应当包括个人基本信息、工作岗位、剂量监测结果等材料。个人剂量档案应当保存至辐射工作人员年满七十五周岁，或者停止辐射工作三十年。

辐射工作人员有权查阅和复制本人的个人剂量档案。辐射工作人员调换单位的，原用人单位应当向新用人单位或者辐射工作人员本人提供个人剂量档案的复制件。

（2）第二十四条：生产、销售、使用放射性同位素与射线装置的单位，不具备个人剂量监测能力的，应当委托具备下列条件的机构进行个人剂量监测：①具有保证个人剂量监测质量的设备、技术；②经省级以上人民政府计量行政主管部门计量认证；③法律法规规定的从事个人剂量监测的其他条件。

（3）第二十五条：环境保护部对从事个人剂量监测的机构进行评估，择优向社会推荐。

环境保护部定期对其推荐的从事个人剂量监测的机构进行监测质量考核；对考核不合格的，予以除名，并向社会公告。

（4）第二十六条：接受委托进行个人剂量监测的机构，应当按照国家有关技术规范的要求进行个人剂量监测，并对监测结果负责。

接受委托进行个人剂量监测的机构，应当及时向委托单位出具监测报告，并将监测结果以书面和网上报送方式，直接报告委托单位所在地的省级人民政府环境保护主管部门。

（5）第二十七条：环境保护部应当建立全国统一的辐射工作人员个人剂量数据库，并与卫生等相关部门实现数据共享。

（五）安全和防护状况年度评估报告相关要求

1.《放射性同位素与射线装置安全和防护条例》第三十条：生产、销售、使用放射性同位素和射线装置的单位，应当对本单位的放射性同位素、射线装置的安全和防护状况进行年度评估。发现安全隐患的，应当立即进行整改。

2.《放射性同位素与射线装置安全和防护管理办法》第十二条：生产、销售、使用放射性同位素与射线装置的单位，应当对本单位的放射性同位素与射线装置的安全和防护状况进行年度评估，并于每年 1 月 31 日前向发证机关提交上一年度的评估报告。

安全和防护状况年度评估报告应当包括下列内容：

①辐射安全和防护设施的运行与维护情况；

②辐射安全和防护制度及措施的制定与落实情况；

③辐射工作人员变动及接受辐射安全和防护知识教育培训（以下简称“辐射安全培训”）情况；

④放射性同位素进出口、转让或者送贮情况以及放射性同位素、射线装置台账；

⑤场所辐射环境监测和个人剂量监测情况及监测数据；

⑥辐射事故及应急响应情况；

⑦核技术利用项目新建、改建、扩建和退役情况；

⑧存在的安全隐患及其整改情况；

⑨其他有关法律、法规规定的落实情况。

年度评估发现安全隐患的，应当立即整改。

3.《广西壮族自治区生态环境厅办公室关于做好辐射安全和防护状况年度评估报告工作的通知》(桂环办函〔2019〕286号)。

（六）辐射工作场所防护要求

1.《中华人民共和国放射性污染防治法》。

（1）第十三条：核设施营运单位、核技术利用单位、铀（钍）矿和伴生放射性矿开发利用单位，必须采取安全与防护措施，预防发生可能导致放射性污染的各类事故，避免放射性污染危害。

核设施营运单位、核技术利用单位、铀（钍）矿和伴生放射性矿开发利用单位，应当对其工作人员进行放射性安全教育、培训，采取有效的防护安全措施。

（2）第十六条：放射性物质和射线装置应当设置明显的放射性标识和中文警示说明。生产、销售、使用、贮存、处置放射性物质和射线装置的场所，以及运输放射性物质和含放射源的射线装置的工具，应当设置明显的放射性标志。

2.《放射性同位素与射线装置安全和防护条例》第三十四条：生产、销售、使用、贮存放射性同位素和射线装置的场所，应当按照国家有关规定设置明显的放射性标志，其入口处应当按照国家有关安全和防护标准的要求，设置安全和防护设施以及必要的防护安全联锁、报警装置或者工作信号。射线装置的生产调试和使用场所，应当具有防止误操作、防止工作人员和公众受到意外照射的安全措施。

放射性同位素的包装容器、含放射性同位素的设备和射线装置，应当设置明显的放射性标识和中文警示说明；放射源上能够设置放射性标识的，应当一并设置。运输放射性同位素和含放射源的射线装置的工具，应当按照国家有关规定设置明显的放射性标志或者显示危险信号。

3.《放射性同位素与射线装置安全和防护管理办法》。

（1）第五条：生产、销售、使用、贮存放射性同位素与射线装置的场所，应当按照国家有关规定设置明显的放射性标志，其入口处应当按照国家有关安全和防护标准的要求，设置安全和防护设施以及必要的防护安全联锁、报警装置或者工作信号。

射线装置的生产调试和使用场所，应当具有防止误操作、防止工作人员和公众受到意外照射的安全措施。

放射性同位素的包装容器、含放射性同位素的设备和射线装置，应当设置明显的放射性标识和中文警示说明；放射源上能够设置放射性标识的，应当一并设置。运输放射性同位素和含放射源的射线装置的工具，应当按照国家有关规定设置明显的放射性标志或者显示危险信号。

（2）第六条：生产、使用放射性同位素与射线装置的场所，应当按照国家有关规定采取有效措施，防止运行故障，并避免故障导致次生危害。

4.《电离辐射防护与辐射源安全基本标准》(GB 18871—2002）。

5.《放射治疗放射防护要求》(GBZ 121—2020）。

6.《核医学辐射防护与安全要求》(HJ 1188—2021）。

7.《工业 X 射线探伤放射防护要求》(GBZ 117—2015）。

8.《工业 γ 射线探伤放射防护标准》(GBZ 132—2008）。

9.《电子加速器辐照装置辐射安全和防护》(HJ 979—2018）。

10.《放射诊断放射防护要求》(GBZ 130—2020）。

11.《含密封源仪表的放射卫生防护要求》(GBZ 125—2009）。

（七）辐射工作场所的退役管理

1.《放射性同位素与射线装置安全许可管理办法》第三十三条：转入、转出放射性同位素的单位应当在转让活动完成之日起20日内，分别将一份放射性同位素转让审批表报送各自所在地省级生态环境主管部门。

2.《放射性同位素与射线装置安全和防护管理办法》。

（1）第十三条：使用Ⅰ类、Ⅱ类、Ⅲ类放射源的场所，生产放射性同位素的场所，按照《电离辐射防护与辐射源安全基本标准》（以下简称《基本标准》）确定的甲级、乙级非密封放射性物质使用场所，以及终结运行后产生放射性污染的射线装置，应当依法实施退役。

依照前款规定实施退役的生产、使用放射性同位素与射线装置的单位，应当在实施退役前完成下列工作：

①将有使用价值的放射源按照《放射性同位素与射线装置安全和防护条例》的规定转让；

②将废旧放射源交回生产单位、返回原出口方或者送交有相应资质的放射性废物集中贮存单位贮存。

（2）第十四条：依法实施退役的生产、使用放射性同位素与射线装置的单位，应当在实施退役前编制环境影响评价文件，报原辐射安全许可证发证机关审查批准；未经批准的，不得实施退役。

（3）第十五条：退役工作完成后六十日内，依法实施退役的生产、使用放射性同位素与射线装置的单位，应当向原辐射安全许可证发证机关申请退役核技术利用项目终态验收，并提交退役项目辐射环境终态监测报告或者监测表。

依法实施退役的生产、使用放射性同位素与射线装置的单位，应当自终态验收合格之日起二十日内，到原发证机关办理辐射安全许可证变更或者注销手续。

（4）第十六条：生产、销售、使用放射性同位素与射线装置的单位，在依法被撤销、依法解散、依法破产或者因其他原因终止前，应当确保环境辐射安全，妥善实施辐射工作场所或者设备的退役，并承担退役完成前所有的安全责任。

五、放射性同位素管理规定

（一）转让、审批

1.《放射性同位素与射线装置安全和防护条例》。

（1）第十九条：申请转让放射性同位素，应当符合下列要求：

①转出、转入单位持有与所从事活动相符的许可证；

②转入单位具有放射性同位素使用期满后的处理方案；

③转让双方已经签订书面转让协议。

（2）第二十条：转让放射性同位素，由转入单位向其所在地省、自治区、直辖市人民政府生态环境主管部门提出申请，并提交符合本条例第十九条规定要求的证明材料。

省、自治区、直辖市人民政府生态环境主管部门应当自受理申请之日起15个工作日内完成审查，符合条件的，予以批准；不符合条件的，书面通知申请单位并说明理由。

（3）第二十一条：放射性同位素的转出、转入单位应当在转让活动完成之日起20日内，分别向其所在地省、自治区、直辖市人民政府生态环境主管部门备案。

2.《放射性同位素与射线装置安全许可管理办法》。

（1）第六条：国务院生态环境主管部门负责对列入限制进出口目录的放射性同位素的进口进行审批。

国务院生态环境主管部门依照我国有关法律和缔结或者参加的国际条约、协定的规定，办理列入限制进出口目录的放射性同位素出口的有关手续。

省级生态环境主管部门负责以下活动的审批或备案：①转让放射性同位素；②转移放射性同位素到外省、自治区、直辖市使用；③放射性同位素野外示踪试验；但有可能造成跨省界环境影响的放射性同位素野外示踪试验，由国务院生态环境主管部门审批。

（2）第二十七条：进口列入限制进出口目录的放射性同位素的单位，应当在进口前报国务院生态环境主管部门审批；获得批准后，由国务院对外贸易主管部门依据对外贸易的有关规定签发进口许可证。国务院生态环境主管部门在批准放射源进口申请时，给定放射源编码。

分批次进口非密封放射性物质的单位，应当每6个月报国务院生态环境主管部门审批一次。

（3）第二十八条：申请进口列入限制进出口目录的放射性同位素的单位，应当向国务院生态环境主管部门提交放射性同位素进口审批表，并提交下列材料：

①放射性同位素使用期满后的处理方案，其中，进口Ⅰ类、Ⅱ类、Ⅲ类放射源的，应当提供原出口方负责从最终用户回收放射源的承诺文件复印件；

②进口放射源的明确标号和必要的说明文件的影印件或者复印件，其中，Ⅰ类、Ⅱ类、Ⅲ类放射源的标号应当刻制在放射源本体或者密封包壳体上，Ⅳ类、Ⅴ类放射源的标号应当记录在相应说明文件中；

③进口单位与原出口方之间签订的有效协议复印件；

④将进口的放射性同位素销售给其他单位使用的，还应当提供与使用单位签订的有效协议复印件。

（4）第二十九条：国务院生态环境主管部门应当自受理放射性同位素进口申请之日起10个工作日内完成审查，符合条件的，予以批准；不符合条件的，书面通知申请单位并说明理由。

进口单位和使用单位应当在进口活动完成之日起20日内，分别将批准的放射性同位素进口审批表报送各自所在地的省级生态环境主管部门。

（5）第三十条：出口列入限制进出口目录的放射性同位素的单位，应当向国务院生态环境主管部门提交放射性同位素出口表，并提交下列材料：

①国外进口方可以合法持有放射性同位素的中文或英文证明材料；

②出口单位与国外进口方签订的有效协议复印件。

出口单位应当在出口活动完成之日起20日内，将放射性同位素出口表报送所在地的省级生态环境主管部门。

出口放射性同位素的单位应当遵守国家对外贸易的有关规定。

（6）第三十一条：转让放射性同位素的，转入单位应当在每次转让前报所在地省级生态环境主管部门审查批准。

分批次转让非密封放射性物质的，转入单位可以每6个月报所在地省级生态环境主管部门审查批准。

放射性同位素只能在持有许可证的单位之间转让。禁止向无许可证或者超出许可证规定的种类和范围的单位转让放射性同位素。

未经批准不得转让放射性同位素。

（7）第三十二条：转入放射性同位素的单位应当于转让前向所在地省级生态环境主管部门提交放射性同位素转让审批表，并提交下列材料：

①放射性同位素使用期满后的处理方案；

②转让双方签订的转让协议。

生态环境主管部门应当自受理申请之日起 15 个工作日内完成审查，符合条件的，予以批准；不符合条件的，书面通知申请单位并说明理由。

（8）第三十三条：转入、转出放射性同位素的单位应当在转让活动完成之日起 20 日内，分别将一份放射性同位素转让审批表报送各自所在地省级生态环境主管部门。

（9）第三十四条：在野外进行放射性同位素示踪试验的单位，应当在每次试验前编制环境影响报告表，并经试验所在地省级生态环境主管部门商同级有关部门审查批准后方可进行。

放射性同位素野外示踪试验有可能造成跨省界环境影响的，其环境影响报告表应当报国务院生态环境主管部门商同级有关部门审查批准。

（10）第三十五条：使用放射性同位素的单位需要将放射性同位素转移到外省、自治区、直辖市使用的，应当于活动实施前 10 日内向使用地省级生态环境主管部门备案，书面报告移出地省级生态环境主管部门，并接受使用地生态环境主管部门的监督管理。

书面报告的内容应当包括该放射性同位素的核素、活度、转移时间和地点、辐射安全负责人和联系电话等内容；转移放射源的还应提供放射源标号和编码。

使用单位应当在活动结束后 20 日内到使用地省级生态环境主管部门办理备案注销手续，并书面告知移出地省级生态环境主管部门。

（二）贮存管理

1.《中华人民共和国放射性污染防治法》第三十一条：放射性同位素应

当单独存放，不得与易燃、易爆、腐蚀性物品等一起存放，其贮存场所应当采取有效的防火、防盗、防射线泄漏的安全防护措施，并指定专人负责保管。贮存、领取、使用、归还放射性同位素时，应当进行登记、检查，做到账物相符。

2.《放射性同位素与射线装置安全和防护条例》第三十五条：放射性同位素应当单独存放，不得与易燃、易爆、腐蚀性物品等一起存放，并指定专人负责保管。贮存、领取、使用、归还放射性同位素时，应当进行登记、检查，做到账物相符。对放射性同位素贮存场所应当采取防火、防水、防盗、防丢失、防破坏、防射线泄漏的安全措施。

对放射源还应当根据其潜在危害的大小，建立相应的多层防护和安全措施，并对可移动的放射源定期进行盘存，确保其处于指定位置，具有可靠的安全保障。

3.《放射性同位素与射线装置安全和防护管理办法》第七条：放射性同位素和被放射性污染的物品应当单独存放，不得与易燃、易爆、腐蚀性物品等一起存放，并指定专人负责保管。

贮存、领取、使用、归还放射性同位素时，应当进行登记、检查，做到账物相符。对放射性同位素贮存场所应当采取防火、防水、防盗、防丢失、防破坏、防射线泄漏的安全措施。

对放射源还应当根据其潜在危害的大小，建立相应的多重防护和安全措施，并对可移动的放射源定期进行盘存，确保其处于指定位置，具有可靠的安全保障。

（三）回收管理

1.《放射性同位素与射线装置安全和防护条例》。

（1）第二十三条：持有放射源的单位将废旧放射源交回生产单位、返回原出口方或者送交放射性废物集中贮存单位贮存的，应当在该活动完成之日起 20 日内向其所在地省、自治区、直辖市人民政府生态环境主管部门备案。

（2）第三十一条：生产、销售、使用放射性同位素和射线装置的单位需要终止的，应当事先对本单位的放射性同位素和放射性废物进行清理登记，作出妥善处理，不得留有安全隐患。生产、销售、使用放射性同位素和射线装置的单位发生变更的，由变更后的单位承担处理责任。变更前当事人对此另有约定的，从其约定；但是，约定中不得免除当事人的处理义务。

在本条例施行前已经终止的生产、销售、使用放射性同位素和射线装置的单位，其未安全处理的废旧放射源和放射性废物，由所在地省、自治区、直辖市人民政府生态环境主管部门提出处理方案，及时进行处理。所需经费由省级以上人民政府承担。

（3）第三十二条：生产、进口放射源的单位销售Ⅰ类、Ⅱ类、Ⅲ类放射源给其他单位使用的，应当与使用放射源的单位签订废旧放射源返回协议；使用放射源的单位应当按照废旧放射源返回协议规定将废旧放射源交回生产单位或者返回原出口方。确实无法交回生产单位或者返回原出口方的，送交有相应资质的放射性废物集中贮存单位贮存。

使用放射源的单位应当按照国务院生态环境主管部门的规定，将Ⅳ类、Ⅴ类废旧放射源进行包装整备后送交有相应资质的放射性废物集中贮存单位贮存。

2.《放射性同位素与射线装置安全和防护管理办法》。

（1）第二十八条：生产、进口放射源的单位销售Ⅰ类、Ⅱ类、Ⅲ类放射源给其他单位使用的，应当与使用放射源的单位签订废旧放射源返回协议。

转让Ⅰ类、Ⅱ类、Ⅲ类放射源的，转让双方应当签订废旧放射源返回协议。进口放射源转让时，转入单位应当取得原出口方负责回收的承诺文件副本。

（2）第二十九条：使用Ⅰ类、Ⅱ类、Ⅲ类放射源的单位应当在放射源闲置或者废弃后三个月内，按照废旧放射源返回协议规定，将废旧放射源交回生产单位或者返回原出口方。确实无法交回生产单位或者返回原出口方的，送交具备相应资质的放射性废物集中贮存单位（以下简称“废旧放射源收贮单位”）贮存，并承担相关费用。

废旧放射源收贮单位，应当依法取得环境保护部颁发的使用（含收贮）辐射安全许可证，并在资质许可范围内收贮废旧放射源和被放射性污染的物品。

（3）第三十条：使用放射源的单位依法被撤销、依法解散、依法破产或者因其他原因终止的，应当事先将本单位的放射源依法转让、交回生产单位、返回原出口方或者送交废旧放射源收贮单位贮存，并承担上述活动完成前所有的安全责任。

（4）第三十一条：使用放射源的单位应当在废旧放射源交回生产单位或

者送交废旧放射源收贮单位贮存活动完成之日起二十日内，报其所在地的省级人民政府环境保护主管部门备案。

废旧放射源返回原出口方的，应当在返回活动完成之日起二十日内，将放射性同位素出口表报其所在地的省级人民政府环境保护主管部门备案。

（四）异地使用管理

1.《放射性同位素与射线装置安全和防护条例》第二十五条：使用放射性同位素的单位需要将放射性同位素转移到外省、自治区、直辖市使用的，应当持许可证复印件向使用地省、自治区、直辖市人民政府生态环境主管部门备案，并接受当地生态环境主管部门的监督管理。

2. 国家环境保护总局关于印发《关于 γ 射线探伤装置的辐射安全要求》的通知。

3. 环境保护部《关于进一步加强 γ 射线移动探伤辐射安全管理的通知》。

（五）运输管理

《放射性物品运输安全管理条例》(国务院令第 562 号)。

（六）放射性药品转让审批

《环境保护部关于放射性药品辐射安全管理有关事项的公告》(环境保护部公告 2015 年 第 2 号)(详见第 125 页)。

六、放射性同位素、射线装置的分类管理

1.《放射性同位素与射线装置安全和防护条例》第四条：国家对放射源和射线装置实行分类管理。根据放射源、射线装置对人体健康和环境的潜在危害程度，从高到低将放射源分为Ⅰ类、Ⅱ类、Ⅲ类、Ⅳ类、Ⅴ类，具体分类办法由国务院生态环境主管部门制定；将射线装置分为Ⅰ类、Ⅱ类、Ⅲ类，具体分类办法由国务院生态环境主管部门商国务院卫生主管部门制定。

2.《放射性同位素与射线装置安全许可管理办法》第三条：根据放射源与射线装置对人体健康和环境的潜在危害程度，从高到低，将放射源分为Ⅰ

类、Ⅱ类、Ⅲ类、Ⅳ类、Ⅴ类，将射线装置分为Ⅰ类、Ⅱ类、Ⅲ类。

3.《关于发布放射源分类办法的公告》（国家环境保护总局公告 2005 年第 62 号）。

4.《关于发布放射源编码规则的通知》（环发〔2004〕118 号）。

5.《电离辐射防护与辐射源安全基本标准》（GB 18871—2002）附录 C。

6.《环境保护部关于发布〈射线装置分类〉的公告》（环境保护部 国家卫生和计划生育委员会公告 2017 年第 66 号）。

七、监督管理的职责

1.《中华人民共和国放射性污染防治法》第十一条：国务院环境保护行政主管部门和国务院其他有关部门，按照职责分工，各负其责，互通信息，密切配合，对核设施、铀（钍）矿开发利用中的放射性污染防治进行监督检查。

县级以上地方人民政府环境保护行政主管部门和同级其他有关部门，按照职责分工，各负其责，互通信息，密切配合，对本行政区域内核技术利用、伴生放射性矿开发利用中的放射性污染防治进行监督检查。

监督检查人员进行现场检查时，应当出示证件。被检查的单位必须如实反映情况，提供必要的资料。监督检查人员应当为被检查单位保守技术秘密和业务秘密。对涉及国家秘密的单位和部位进行检查时，应当遵守国家有关保守国家秘密的规定，依法办理有关审批手续。

2.《放射性同位素与射线装置安全和防护条例》第三条：国务院生态环境主管部门对全国放射性同位素、射线装置的安全和防护工作实施统一监督管理。

国务院公安、卫生等部门按照职责分工和本条例的规定，对有关放射性同位素、射线装置的安全和防护工作实施监督管理。

县级以上地方人民政府生态环境主管部门和其他有关部门，按照职责分工和本条例的规定，对本行政区域内放射性同位素、射线装置的安全和防护工作实施监督管理。

八、核技术利用单位依法承担辐射安全主体责任

1.《中华人民共和国放射性污染防治法》第十二条：核设施营运单位、核技术利用单位、铀（钍）矿和伴生放射性矿开发利用单位，负责本单位放射性污染的防治，接受环境保护行政主管部门和其他有关部门的监督管理，并依法对其造成的放射性污染承担责任。

2.《放射性同位素与射线装置安全和防护条例》第二十七条：生产、销售、使用放射性同位素和射线装置的单位，应当对本单位的放射性同位素、射线装置的安全和防护工作负责，并依法对其造成的放射性危害承担责任。

生产放射性同位素的单位的行业主管部门，应当加强对生产单位安全和防护工作的管理，并定期对其执行法律、法规和国家标准的情况进行监督检查。

九、豁免

1.《放射性同位素与射线装置安全和防护管理办法》。

（1）第五十条：省级以上人民政府环境保护主管部门依据《基本标准》及国家有关规定，负责对射线装置、放射源或者非密封放射性物质管理的豁免出具备案证明文件。

（2）第五十一条：已经取得辐射安全许可证的单位，使用低于《基本标准》规定豁免水平的射线装置、放射源或者少量非密封放射性物质的，经所在地省级人民政府环境保护主管部门备案后，可以被豁免管理。

前款所指单位提请所在地省级人民政府环境保护主管部门备案时，应当提交其使用的射线装置、放射源或者非密封放射性物质辐射水平低于《基本标准》豁免水平的证明材料。

（3）第五十二条：符合下列条件之一的使用单位，报请所在地省级人民政府环境保护主管部门备案时，除提交本办法第五十一条第二款规定的证明材料外，还应当提交射线装置、放射源或者非密封放射性物质的使用量、使用条件、操作方式以及防护管理措施等情况的证明：

①已取得辐射安全许可证，使用较大批量低于《基本标准》规定豁免水平的非密封放射性物质的；

②未取得辐射安全许可证，使用低于《基本标准》规定豁免水平的射线装置、放射源以及非密封放射性物质的。

（4）第五十三条：对装有超过《基本标准》规定豁免水平放射源的设备，经检测符合国家有关规定确定的辐射水平的，设备的生产或者进口单位向环境保护部报请备案后，该设备和相关转让、使用活动可以被豁免管理。

前款所指单位，报请环境保护部备案时，应当提交下列材料：

①辐射安全分析报告，包括活动正当性分析，放射源在设备中的结构，放射源的核素名称、活度、加工工艺和处置方式，对公众和环境的潜在辐射影响，以及可能的用户等内容。

②有相应资质的单位出具的证明设备符合《基本标准》有条件豁免要求的辐射水平检测报告。

（5）第五十四条：省级人民政府环境保护主管部门应当将其出具的豁免备案证明文件，报环境保护部。

环境保护部对已获得豁免备案证明文件的活动或者活动中的射线装置、放射源或者非密封放射性物质定期公告。

经环境保护部公告的活动或者活动中的射线装置、放射源或者非密封放射性物质，在全国有效，可以不再逐一办理豁免备案证明文件。

2.《环境保护部关于实施碘 –125 放射免疫体外诊断试剂使用有条件豁免管理的公告》（环境保护部公告 2013 年　第 74 号）（详见第 123 页）。

3.《环境保护部关于公共场所柜式 X 射线行李包检查设备用户单位豁免管理的公告》（环境保护部公告 2015 年　第 36 号）（详见第 127 页）。

4.《关于规范放射性同位素与射线装置豁免备案管理工作的通知》。

十、核与辐射行政处罚参考目录

核与辐射行政处罚参考目录见表 1。

表 1　核与辐射行政处罚参考目录

序号	违法行为		实施依据		
			法律法规依据	具体条款	行政处罚
1	对环保设施未建成、未验收即投入生产或者使用等行为的行政处罚	对未建造放射性环保设施，或者防治防护设施未经验收合格，主体工程即投入生产或者使用行为的行政处罚	《中华人民共和国放射性污染防治法》	**第三十条**　新建、改建、扩建放射工作场所的放射防护设施，应当与主体工程同时设计、同时施工、同时投入使用。放射防护设施应当与主体工程同时验收；验收合格的，主体工程方可投入生产或者使用。 **第三十五条**　与铀（钍）矿和伴生放射性矿开发利用建设项目相配套的放射性污染防治设施，应当与主体工程同时设计、同时施工、同时投入使用。 放射性污染防治设施应当与主体工程同时验收；验收合格的，主体工程方可投入生产或者使用。	**第五十一条**　违反本法规定，未建造放射性污染防治设施、放射防护设施，或者防治防护设施未经验收合格，主体工程即投入生产或者使用的，由审批环境影响评价文件的环境保护行政主管部门责令停止违法行为，限期改正，并处五万元以上二十万元以下罚款。

续表

序号	违法行为		实施依据		
			法律法规依据	具体条款	行政处罚
2	对当事人拒不配合检查行为的行政处罚	对拒绝生态环境主管部门和其他有关部门进行现场检查或者被检查时不如实反映情况和提供必要资料行为的行政处罚	《中华人民共和国放射性污染防治法》	**第十一条** 国务院环境保护行政主管部门和国务院其他有关部门，按照职责分工，各负其责，互通信息，密切配合，对核设施、铀（钍）矿开发利用中的放射性污染防治进行监督检查。 县级以上地方人民政府环境保护行政主管部门和同级其他有关部门，按照职责分工，各负其责，互通信息，密切配合，对本行政区域内核技术利用、伴生放射性矿开发利用中的放射性污染防治进行监督检查。 监督检查人员进行现场检查时，应当出示证件。被检查的单位必须如实反映情况，提供必要的资料。监督检查人员应当为被检查单位保守技术秘密和业务秘密。对涉及国家秘密的单位和部位进行检查时，应当遵守国家有关保守国家秘密的规定，依法办理有关审批手续。	**第四十九条第（二）项** 违反本法规定，有下列行为之一的，由县级以上人民政府环境保护行政主管部门或者其他有关部门依据职权责令限期改正，可以处二万元以下罚款： （二）拒绝环境保护行政主管部门和其他有关部门进行现场检查，或者被检查时不如实反映情况和提供必要资料的。

续表

序号	违法行为	实施依据		
		法律法规依据	具体条款	行政处罚
		《放射性同位素与射线装置安全和防护条例》	**第四十六条第一款** 县级以上人民政府生态环境主管部门和其他有关部门应当按照各自职责对生产、销售、使用放射性同位素和射线装置的单位进行监督检查。	
	对拒绝、阻碍生态环境主管部门或者其他有关部门的监督检查，或者在接受监督检查时弄虚作假行为的行政处罚	《放射性废物安全管理条例》	**第二十九条** 县级以上人民政府环境保护主管部门和其他有关部门进行监督检查时，有权采取下列措施： （一）向被检查单位的法定代表人和其他有关人员调查、了解情况； （二）进入被检查单位进行现场监测、检查或者核查； （三）查阅、复制相关文件、记录以及其他有关资料； （四）要求被检查单位提交有关情况说明或者后续处理报告。 被检查单位应当予以配合，如实反映情况，提供必要的资料，不得拒绝和阻碍。 县级以上人民政府环境保护主管部门和其他有关部门的监督检查人员依法进行监督检查时，应当出示证件，并为被检查单位保守技术秘密和业务秘密。	**第四十一条** 违反本条例规定，拒绝、阻碍环境保护主管部门或者其他有关部门的监督检查，或者在接受监督检查时弄虚作假的，由监督检查部门责令改正，处2万元以下的罚款；构成违反治安管理行为的，由公安机关依法给予治安管理处罚；构成犯罪的，依法追究刑事责任。

续表

序号	违法行为	实施依据		
		法律法规依据	具体条款	行政处罚
	对拒绝、阻碍国务院核安全监管部门或者其他依法履行放射性物品运输安全监督管理职责的部门进行监督检查，或者在接受监督检查时弄虚作假行为的行政处罚	《放射性物品运输安全管理条例》	**第四十四条第一款、第三款** 国务院核安全监管部门和其他依法履行放射性物品运输安全监督管理职责的部门，应当依据各自职责对放射性物品运输安全实施监督检查。 被检查单位应当予以配合，如实反映情况，提供必要的资料，不得拒绝和阻碍。	**第六十六条** 拒绝、阻碍国务院核安全监管部门或者其他依法履行放射性物品运输安全监督管理职责的部门进行监督检查，或者在接受监督检查时弄虚作假的，由监督检查部门责令改正，处1万元以上2万元以下的罚款；构成违反治安管理行为的，由公安机关依法给予治安管理处罚；构成犯罪的，依法追究刑事责任。

续表

序号	违法行为	实施依据		
		法律法规依据	具体条款	行政处罚
3	对不按照规定报告有关环境监测结果行为的行政处罚	《中华人民共和国放射性污染防治法》	**第二十四条第一款** 核设施营运单位应当对核设施周围环境中所含的放射性核素的种类、浓度以及核设施流出物中的放射性核素总量实施监测，并定期向国务院环境保护行政主管部门和所在地省、自治区、直辖市人民政府环境保护行政主管部门报告监测结果。 **第三十六条** 铀（钍）矿开发利用单位应当对铀（钍）矿的流出物和周围的环境实施监测，并定期向国务院环境保护行政主管部门和所在地省、自治区、直辖市人民政府环境保护行政主管部门报告监测结果。	**第四十九条第（一）项** 违反本法规定，有下列行为之一的，由县级以上人民政府环境保护行政主管部门或者其他有关部门依据职权责令限期改正，可以处二万元以下罚款： （一）不按照规定报告有关环境监测结果的。

续表

序号	违法行为	实施依据		
		法律法规依据	具体条款	行政处罚
4	对生产、销售、使用放射性同位素和加速器、中子发生器以及含放射源的射线装置的单位未编制环境影响评价文件，或者环境影响评价文件未经生态环境行政主管部门批准，擅自进行建造、运行、生产和使用等活动行为的行政处罚	《中华人民共和国放射性污染防治法》	**第二十九条第一款**　生产、销售、使用放射性同位素和加速器、中子发生器以及含放射源的射线装置的单位，应当在申请领取许可证前编制环境影响评价文件，报省、自治区、直辖市人民政府环境保护行政主管部门审查批准；未经批准，有关部门不得颁发许可证。	**第五十条**　违反本法规定，未编制环境影响评价文件，或者环境影响评价文件未经环境保护行政主管部门批准，擅自进行建造、运行、生产和使用等活动的，由审批环境影响评价文件的环境保护行政主管部门责令停止违法行为，限期补办手续或者恢复原状，并处一万元以上二十万元以下罚款。

续表

序号	违法行为	实施依据		
		法律法规依据	具体条款	行政处罚
5	对违反规定，生产、销售、使用、转让、进口、贮存放射性同位素和射线装置以及装备有放射性同位素的仪表行为的行政处罚	《中华人民共和国放射性污染防治法》	**第二十八条** 生产、销售、使用放射性同位素和射线装置的单位，应当按照国务院有关放射性同位素与射线装置放射防护的规定申请领取许可证，办理登记手续。 转让、进口放射性同位素和射线装置的单位以及装备有放射性同位素的仪表的单位，应当按照国务院有关放射性同位素与射线装置放射防护的规定办理有关手续。 **第三十一条** 放射性同位素应当单独存放，不得与易燃、易爆、腐蚀性物品等一起存放，其贮存场所应当采取有效的防火、防盗、防射线泄漏的安全防护措施，并指定专人负责保管。贮存、领取、使用、归还放射性同位素时，应当进行登记、检查，做到账物相符。	**第五十三条** 违反本法规定，生产、销售、使用、转让、进口、贮存放射性同位素和射线装置以及装备有放射性同位素的仪表的，由县级以上人民政府环境保护行政主管部门或者其他有关部门依据职权责令停止违法行为，限期改正；逾期不改正的，责令停产停业或者吊销许可证；有违法所得的，没收违法所得；违法所得十万元以上的，并处违法所得一倍以上五倍以下罚款；没有违法所得或者违法所得不足十万元的，并处一万元以上十万元以下罚款；构成犯罪的，依法追究刑事责任。

续表

序号	违法行为	实施依据		
		法律法规依据	具体条款	行政处罚
6	对未建造尾矿库或者不按照放射性污染防治的要求建造尾矿库，贮存、处置铀（钍）矿和伴生放射性矿的尾矿行为的行政处罚	《中华人民共和国放射性污染防治法》	**第三十七条** 对铀（钍）矿和伴生放射性矿开发利用过程中产生的尾矿，应当建造尾矿库进行贮存、处置；建造的尾矿库应当符合放射性污染防治的要求。	**第五十四条第（一）项** 违反本法规定，有下列行为之一的，由县级以上人民政府环境保护行政主管部门责令停止违法行为，限期改正，处以罚款；构成犯罪的，依法追究刑事责任： （一）未建造尾矿库或者不按照放射性污染防治的要求建造尾矿库，贮存、处置铀（钍）矿和伴生放射性矿的尾矿的。 有前款第（一）项行为的，处十万元以上二十万元以下罚款。
7	对向环境排放不得排放的放射性废气、废液行为的行政处罚	《中华人民共和国放射性污染防治法》	**第四十条** 向环境排放放射性废气、废液，必须符合国家放射性污染防治标准。	**第五十四条第（二）项** 违反本法规定，有下列行为之一的，由县级以上人民政府环境保护行政主管部门责令停止违法行为，限期改正，处以罚款；构成犯罪的，依法追究刑事责任： （二）向环境排放不得排放的放射性废气、废液的。 有前款第（二）项行为的，处十万元以上二十万元以下罚款。

续表

序号	违法行为	实施依据		
		法律法规依据	具体条款	行政处罚
8	对不按照规定的方式排放放射性废液，利用渗井、渗坑、天然裂隙、溶洞或者国家禁止的其他方式排放放射性废液的行为的行政处罚	《中华人民共和国放射性污染防治法》	**第四十二条第二款、第三款** 产生放射性废液的单位，向环境排放符合国家放射性污染防治标准的放射性废液，必须采用符合国务院环境保护行政主管部门规定的排放方式。 禁止利用渗井、渗坑、天然裂隙、溶洞或者国家禁止的其他方式排放放射性废液。	**第五十四条第（三）项** 违反本法规定，有下列行为之一的，由县级以上人民政府环境保护行政主管部门责令停止违法行为，限期改正，处以罚款；构成犯罪的，依法追究刑事责任： （三）不按照规定的方式排放放射性废液，利用渗井、渗坑、天然裂隙、溶洞或者国家禁止的其他方式排放放射性废液的。 有前款第（三）项行为的，处十万元以上二十万元以下罚款。
9	对不按照规定处理或者贮存不得向环境排放的放射性废液行为的行政处罚	《中华人民共和国放射性污染防治法》	**第四十二条第一款** 产生放射性废液的单位，必须按照国家放射性污染防治标准的要求，对不得向环境排放的放射性废液进行处理或者贮存。	**第五十四条第（四）项** 违反本法规定，有下列行为之一的，由县级以上人民政府环境保护行政主管部门责令停止违法行为，限期改正，处以罚款；构成犯罪的，依法追究刑事责任： （四）不按照规定处理或者贮存不得向环境排放的放射性废液的。 有前款第（四）项行为的，处一万元以上十万元以下罚款。

续表

序号	违法行为	实施依据		
		法律法规依据	具体条款	行政处罚
10	对将废旧放射源或者放射性固体废物提供或者委托给无许可证的单位贮存和处置行为的行政处罚	《中华人民共和国放射性污染防治法》	**第四十六条**　禁止将放射性固体废物提供或者委托给无许可证的单位贮存和处置。	**第五十四条第（五）项**　违反本法规定，有下列行为之一的，由县级以上人民政府环境保护行政主管部门责令停止违法行为，限期改正，处以罚款；构成犯罪的，依法追究刑事责任： （五）将放射性固体废物提供或者委托给无许可证的单位贮存和处置的。 有前款第（五）项行为的，处十万元以上二十万元以下罚款。

续表

序号	违法行为	实施依据		
		法律法规依据	具体条款	行政处罚
		《放射性废物安全管理条例》	**第十条** 核设施营运单位应当将其产生的不能回收利用并不能返回原生产单位或者出口方的废旧放射源（以下简称废旧放射源），送交取得相应许可证的放射性固体废物贮存单位集中贮存，或者直接送交取得相应许可证的放射性固体废物处置单位处置。 核设施营运单位应当对其产生的除废旧放射源以外的放射性固体废物和不能经净化排放的放射性废液进行处理，使其转变为稳定的、标准化的固体废物后自行贮存，并及时送交取得相应许可证的放射性固体废物处置单位处置。 **第十一条第二款** 核技术利用单位应当及时将其产生的废旧放射源和其他放射性固体废物，送交取得相应许可证的放射性固体废物贮存单位集中贮存，或者直接送交取得相应许可证的放射性固体废物处置单位处置。 **第十七条第一款** 放射性固体废物贮存单位应当按照国家有关放射性污染防治标准和国务院环境保护主管部门的规定，对其接收的废旧放射源和其他放射性固体废物进行分类存放和清理，及时予以清洁解控或者送交取得相应许可证的放射性固体废物处置单位处置。	**第三十七条** 违反本条例规定，有下列行为之一的，由县级以上人民政府环境保护主管部门责令停止违法行为，限期改正，处10万元以上20万元以下的罚款；造成环境污染的，责令限期采取治理措施消除污染，逾期不采取治理措施，经催告仍不治理的，可以指定有治理能力的单位代为治理，所需费用由违法者承担；构成犯罪的，依法追究刑事责任： （一）核设施营运单位将废旧放射源送交无相应许可证的单位贮存、处置，或者将其他放射性固体废物送交无相应许可证的单位处置，或者擅自处置的； （二）核技术利用单位将废旧放射源或者其他放射性固体废物送交无相应许可证的单位贮存、处置，或者擅自处置的； （三）放射性固体废物贮存单位将废旧放射源或者其他放射性固体废物送交无相应许可证的单位处置，或者擅自处置的。

续表

序号	违法行为	实施依据		
		法律法规依据	具体条款	行政处罚
11	对不按照规定设置放射性标识、标志、中文警示说明的行为的行政处罚	《中华人民共和国放射性污染防治法》	**第十六条** 放射性物质和射线装置应当设置明显的放射性标识和中文警示说明。生产、销售、使用、贮存、处置放射性物质和射线装置的场所，以及运输放射性物质和含放射源的射线装置的工具，应当设置明显的放射性标志。	**第五十五条第（一）项** 违反本法规定，有下列行为之一的，由县级以上人民政府环境保护行政主管部门或者其他有关部门依据职权责令限期改正；逾期不改正的，责令停产停业，并处二万元以上十万元以下罚款；构成犯罪的，依法追究刑事责任： （一）不按照规定设置放射性标识、标志、中文警示说明的。
12	对不按照规定建立健全安全保卫制度和制定事故应急计划或者应急措施的行为的行政处罚	《中华人民共和国放射性污染防治法》	**第二十五条第一款、第二款** 核设施营运单位应当建立健全安全保卫制度，加强安全保卫工作，并接受公安部门的监督指导。 核设施营运单位应当按照核设施的规模和性质制定核事故场内应急计划，做好应急准备。 **第三十三条第一款** 生产、销售、使用、贮存放射源的单位，应当建立健全安全保卫制度，指定专人负责，落实安全责任制，制定必要的事故应急措施。发生放射源丢失、被盗和放射性污染事故时，有关单位和个人必须立即采取应急措施，并向公安部门、卫生行政部门和环境保护行政主管部门报告。	**第五十五条第（二）项** 违反本法规定，有下列行为之一的，由县级以上人民政府环境保护行政主管部门或者其他有关部门依据职权责令限期改正；逾期不改正的，责令停产停业，并处二万元以上十万元以下罚款；构成犯罪的，依法追究刑事责任： （二）不按照规定建立健全安全保卫制度和制定事故应急计划或者应急措施的。

续表

序号	违法行为	实施依据		
		法律法规依据	具体条款	行政处罚
13	对不按照规定报告放射源丢失、被盗情况或者放射性污染事故的行为的行政处罚	《中华人民共和国放射性污染防治法》	**第三十三条第一款** 生产、销售、使用、贮存放射源的单位，应当建立健全安全保卫制度，指定专人负责，落实安全责任制，制定必要的事故应急措施。发生放射源丢失、被盗和放射性污染事故时，有关单位和个人必须立即采取应急措施，并向公安部门、卫生行政部门和环境保护行政主管部门报告。	**第五十五条第（三）项** 违反本法规定，有下列行为之一的，由县级以上人民政府环境保护行政主管部门或者其他有关部门依据职权责令限期改正；逾期不改正的，责令停产停业，并处二万元以上十万元以下罚款；构成犯罪的，依法追究刑事责任： （三）不按照规定报告放射源丢失、被盗情况或者放射性污染事故的。
14	对产生放射性固体废物的单位不按照规定对其产生的放射性固体废物进行处置的行为的行政处罚	《中华人民共和国放射性污染防治法》	**第四十五条第一款** 产生放射性固体废物的单位，应当按照国务院环境保护行政主管部门的规定，对其产生的放射性固体废物进行处理后，送交放射性固体废物处置单位处置，并承担处置费用。	**第五十六条** 产生放射性固体废物的单位，不按照本法第四十五条的规定对其产生的放射性固体废物进行处置的，由审批该单位立项环境影响评价文件的环境保护行政主管部门责令停止违法行为，限期改正；逾期不改正的，指定有处置能力的单位代为处置，所需费用由产生放射性固体废物的单位承担，可以并处二十万元以下罚款；构成犯罪的，依法追究刑事责任。

续表

序号	违法行为	实施依据		
		法律法规依据	具体条款	行政处罚
15	对未经许可或不按照许可的有关规定从事贮存和处置放射性固体废物活动的行为的行政处罚	《中华人民共和国放射性污染防治法》	**第四十六条第二款**　禁止未经许可或者不按照许可的有关规定从事贮存和处置放射性固体废物的活动。	**第五十七条**　违反本法规定，有下列行为之一的，由省级以上人民政府环境保护行政主管部门责令停产停业或者吊销许可证；有违法所得的，没收违法所得；违法所得十万元以上的，并处违法所得一倍以上五倍以下罚款；没有违法所得或者违法所得不足十万元的，并处五万元以上十万元以下罚款；构成犯罪的，依法追究刑事责任： （一）未经许可，擅自从事贮存和处置放射性固体废物活动的； （二）不按照许可的有关规定从事贮存和处置放射性固体废物活动的。

续表

序号	违法行为	实施依据		
		法律法规依据	具体条款	行政处罚
15	对不按照许可的有关规定从事贮存和处置放射性固体废物活动的行为的行政处罚	《放射性废物安全管理条例》	**第三十三条第二款** 禁止无许可证或者不按照许可证规定的活动种类、范围、规模和期限从事放射性固体废物贮存、处置活动。	**第三十八条第（二）项** 违反本条例规定，有下列行为之一的，由省级以上人民政府环境保护主管部门责令停产停业或者吊销许可证；有违法所得的，没收违法所得；违法所得10万元以上的，并处违法所得1倍以上5倍以下的罚款；没有违法所得或者违法所得不足10万元的，并处5万元以上10万元以下的罚款；造成环境污染的，责令限期采取治理措施消除污染，逾期不采取治理措施，经催告仍不治理的，可以指定有治理能力的单位代为治理，所需费用由违法者承担；构成犯罪的，依法追究刑事责任： （二）放射性固体废物贮存、处置单位未按照许可证规定的活动种类、范围、规模、期限从事废旧放射源或者其他放射性固体废物的贮存、处置活动的。

续表

序号	违法行为	实施依据		
		法律法规依据	具体条款	行政处罚
16	对生产、销售、使用放射性同位素和射线装置的单位无许可证或未按照许可证的规定从事放射性同位素和射线装置生产、销售、使用活动的行为的行政处罚	《放射性同位素与射线装置安全和防护条例》	**第五条**　生产、销售、使用放射性同位素和射线装置的单位，应当依照本章规定取得许可证。 **第十五条第一款**　禁止无许可证或者不按照许可证规定的种类和范围从事放射性同位素和射线装置的生产、销售、使用活动。	**第五十二条第（一）（二）项**　违反本条例规定，生产、销售、使用放射性同位素和射线装置的单位有下列行为之一的，由县级以上人民政府生态环境主管部门责令停止违法行为，限期改正；逾期不改正的，责令停产停业或者由原发证机关吊销许可证；有违法所得的，没收违法所得；违法所得10万元以上的，并处违法所得1倍以上5倍以下的罚款；没有违法所得或者违法所得不足10万元的，并处1万元以上10万元以下的罚款： （一）无许可证从事放射性同位素和射线装置生产、销售、使用活动的； （二）未按照许可证的规定从事放射性同位素和射线装置生产、销售、使用活动的。

续表

序号	违法行为	实施依据		
		法律法规依据	具体条款	行政处罚
17	对生产、销售、使用放射性同位素和射线装置的单位改变所从事活动的种类或者范围以及新建、改建或者扩建生产、销售、使用设施或者场所，未按照规定重新申请领取许可证的行为的行政处罚	《放射性同位素与射线装置安全和防护条例》	**第十二条** 有下列情形之一的，持证单位应当按照原申请程序，重新申请领取许可证： （一）改变所从事活动的种类或者范围的； （二）新建或者改建、扩建生产、销售、使用设施或者场所的。	**第五十二条第（三）项** 违反本条例规定，生产、销售、使用放射性同位素和射线装置的单位有下列行为之一的，由县级以上人民政府生态环境主管部门责令停止违法行为，限期改正；逾期不改正的，责令停产停业或者由原发证机关吊销许可证；有违法所得的，没收违法所得；违法所得10万元以上的，并处违法所得1倍以上5倍以下的罚款；没有违法所得或者违法所得不足10万元的，并处1万元以上10万元以下的罚款： （三）改变所从事活动的种类或者范围以及新建、改建或者扩建生产、销售、使用设施或者场所，未按照规定重新申请领取许可证的。

续表

序号	违法行为	实施依据		
		法律法规依据	具体条款	行政处罚
18	对生产、销售、使用放射性同位素和射线装置的单位许可证有效期届满，需要延续而未按照规定办理延续手续的行为的行政处罚	《放射性同位素与射线装置安全和防护条例》	**第十三条**　许可证有效期为5年。有效期届满，需要延续的，持证单位应当于许可证有效期届满30日前，向原发证机关提出延续申请。原发证机关应当自受理延续申请之日起，在许可证有效期届满前完成审查，符合条件的，予以延续；不符合条件的，书面通知申请单位并说明理由。	**第五十二条第（四）项**　违反本条例规定，生产、销售、使用放射性同位素和射线装置的单位有下列行为之一的，由县级以上人民政府生态环境主管部门责令停止违法行为，限期改正；逾期不改正的，责令停产停业或者由原发证机关吊销许可证；有违法所得的，没收违法所得；违法所得10万元以上的，并处违法所得1倍以上5倍以下的罚款；没有违法所得或者违法所得不足10万元的，并处1万元以上10万元以下的罚款： （四）许可证有效期届满，需要延续而未按照规定办理延续手续的。

续表

序号	违法行为	实施依据		
		法律法规依据	具体条款	行政处罚
19	对生产、销售、使用放射性同位素和射线装置的单位未经批准，擅自进口或者转让放射性同位素的行为的行政处罚	《放射性同位素与射线装置安全和防护条例》	**第五条** 生产、销售、使用放射性同位素和射线装置的单位，应当依照本章规定取得许可证。 **第二十条第一款** 转让放射性同位素，由转入单位向其所在地省、自治区、直辖市人民政府生态环境主管部门提出申请，并提交符合本条例第十九条规定要求的证明材料。	**第五十二条第（五）项** 违反本条例规定，生产、销售、使用放射性同位素和射线装置的单位有下列行为之一的，由县级以上人民政府生态环境主管部门责令停止违法行为，限期改正；逾期不改正的，责令停产停业或者由原发证机关吊销许可证；有违法所得的，没收违法所得；违法所得10万元以上的，并处违法所得1倍以上5倍以下的罚款；没有违法所得或者违法所得不足10万元的，并处1万元以上10万元以下的罚款： （五）未经批准，擅自进口或者转让放射性同位素的。
20	对生产、销售、使用放射性同位素和射线装置的单位变更单位名称、地址、法定代表人，未依法办理许可证变更手续的行为的行政处罚	《放射性同位素与射线装置安全和防护条例》	**第十一条** 持证单位变更单位名称、地址、法定代表人的，应当自变更登记之日起20日内，向原发证机关申请办理许可证变更手续。	**第五十三条** 违反本条例规定，生产、销售、使用放射性同位素和射线装置的单位变更单位名称、地址、法定代表人，未依法办理许可证变更手续的，由县级以上人民政府生态环境主管部门责令限期改正，给予警告；逾期不改正的，由原发证机关暂扣或者吊销许可证。

续表

序号	违法行为	实施依据		
		法律法规依据	具体条款	行政处罚
21	对生产、销售、使用放射性同位素和射线装置的单位部分终止或者全部终止生产、销售、使用活动，未按照规定办理许可证变更或者注销手续的行为的行政处罚	《放射性同位素与射线装置安全和防护条例》	**第十四条**　持证单位部分终止或者全部终止生产、销售、使用放射性同位素和射线装置活动的，应当向原发证机关提出部分变更或者注销许可证申请，由原发证机关核查合格后，予以变更或者注销许可证。	**第五十四条**　违反本条例规定，生产、销售、使用放射性同位素和射线装置的单位部分终止或者全部终止生产、销售、使用活动，未按照规定办理许可证变更或者注销手续的，由县级以上人民政府生态环境主管部门责令停止违法行为，限期改正；逾期不改正的，处1万元以上10万元以下的罚款；造成辐射事故，构成犯罪的，依法追究刑事责任。
22	对伪造、变造、转让放射性同位素和射线装置许可证的行为的行政处罚	《放射性同位素与射线装置安全和防护条例》	**第十五条第二款**　禁止伪造、变造、转让许可证。	**第五十五条第一款**　违反本条例规定，伪造、变造、转让许可证的，由县级以上人民政府生态环境主管部门收缴伪造、变造的许可证或者由原发证机关吊销许可证，并处5万元以上10万元以下的罚款；构成犯罪的，依法追究刑事责任。

续表

序号	违法行为	实施依据		
		法律法规依据	具体条款	行政处罚
23	对伪造、变造、转让放射性同位素进口和转让批准文件的行为的行政处罚	《放射性同位素与射线装置安全和防护条例》	**第十八条第一款** 进口列入限制进出口目录的放射性同位素的单位，应当向国务院生态环境主管部门提出进口申请，并提交符合本条例第十七条规定要求的证明材料。 **第二十条第一款** 转让放射性同位素，由转入单位向其所在地省、自治区、直辖市人民政府生态环境主管部门提出申请，并提交符合本条例第十九条规定要求的证明材料。	**第五十五条第二款** 违反本条例规定，伪造、变造、转让放射性同位素进口和转让批准文件的，由县级以上人民政府生态环境主管部门收缴伪造、变造的批准文件或者由原批准机关撤销批准文件，并处5万元以上10万元以下的罚款；情节严重的，可以由原发证机关吊销许可证；构成犯罪的，依法追究刑事责任。

续表

序号	违法行为	实施依据		
		法律法规依据	具体条款	行政处罚
24	对转入、转出放射性同位素未按照规定备案等行为的行政处罚	《放射性同位素与射线装置安全和防护条例》	**第二十一条**　放射性同位素的转出、转入单位应当在转让活动完成之日起20日内，分别向其所在地省、自治区、直辖市人民政府生态环境主管部门备案。 **第二十三条**　持有放射源的单位将废旧放射源交回生产单位、返回原出口方或者送交放射性废物集中贮存单位贮存的，应当在该活动完成之日起20日内向其所在地省、自治区、直辖市人民政府生态环境主管部门备案。 **第二十五条**　使用放射性同位素的单位需要将放射性同位素转移到外省、自治区、直辖市使用的，应当持许可证复印件向使用地省、自治区、直辖市人民政府生态环境主管部门备案，并接受当地生态环境主管部门的监督管理。	**第五十六条**　违反本条例规定，生产、销售、使用放射性同位素的单位有下列行为之一的，由县级以上人民政府生态环境主管部门责令限期改正，给予警告；逾期不改正的，由原发证机关暂扣或者吊销许可证： （一）转入、转出放射性同位素未按照规定备案的； （二）将放射性同位素转移到外省、自治区、直辖市使用，未按照规定备案的； （三）将废旧放射源交回生产单位、返回原出口方或者送交放射性废物集中贮存单位贮存，未按照规定备案的。

续表

序号	违法行为	实施依据		
		法律法规依据	具体条款	行政处罚
25	对在室外、野外使用放射性同位素和射线装置，未按照国家有关安全和防护标准的要求划出安全防护区域和设置明显的放射性标志的行为的行政处罚	《放射性同位素与射线装置安全和防护条例》	**第三十六条第一款** 在室外、野外使用放射性同位素和射线装置的，应当按照国家安全和防护标准的要求划出安全防护区域，设置明显的放射性标志，必要时设专人警戒。	**第五十七条第（一）项** 违反本条例规定，生产、销售、使用放射性同位素和射线装置的单位有下列行为之一的，由县级以上人民政府生态环境主管部门责令停止违法行为，限期改正；逾期不改正的，处1万元以上10万元以下的罚款： （一）在室外、野外使用放射性同位素和射线装置，未按照国家有关安全和防护标准的要求划出安全防护区域和设置明显的放射性标志的。
26	对未经批准擅自在野外进行放射性同位素示踪试验的行为的行政处罚	《放射性同位素与射线装置安全和防护条例》	**第三十六条第二款** 在野外进行放射性同位素示踪试验的，应当经省级以上人民政府生态环境主管部门商同级有关部门批准方可进行。	**第五十七条第（二）项** 违反本条例规定，生产、销售、使用放射性同位素和射线装置的单位有下列行为之一的，由县级以上人民政府生态环境主管部门责令停止违法行为，限期改正；逾期不改正的，处1万元以上10万元以下的罚款： （二）未经批准擅自在野外进行放射性同位素示踪试验的。

续表

序号	违法行为	实施依据		
		法律法规依据	具体条款	行政处罚
27	对未建立放射性同位素产品台账的行为的行政处罚	《放射性同位素与射线装置安全和防护条例》	**第二十二条第一款**　生产放射性同位素的单位，应当建立放射性同位素产品台账，并按照国务院生态环境主管部门制定的编码规则，对生产的放射源统一编码。放射性同位素产品台账和放射源编码清单应当报国务院生态环境主管部门备案。	**第五十八条第（一）项**　违反本条例规定，生产放射性同位素的单位有下列行为之一的，由县级以上人民政府生态环境主管部门责令限期改正，给予警告；逾期不改正的，依法收缴其未备案的放射性同位素和未编码的放射源，处5万元以上10万元以下的罚款，并可以由原发证机关暂扣或者吊销许可证： （一）未建立放射性同位素产品台账的。
28	对未按照国务院生态环境主管部门制定的编码规则对生产的放射源进行统一编码的行为的行政处罚	《放射性同位素与射线装置安全和防护条例》	**第二十二条第一款**　生产放射性同位素的单位，应当建立放射性同位素产品台账，并按照国务院生态环境主管部门制定的编码规则，对生产的放射源统一编码。放射性同位素产品台账和放射源编码清单应当报国务院生态环境主管部门备案。	**第五十八条第（二）项**　违反本条例规定，生产放射性同位素的单位有下列行为之一的，由县级以上人民政府生态环境主管部门责令限期改正，给予警告；逾期不改正的，依法收缴其未备案的放射性同位素和未编码的放射源，处5万元以上10万元以下的罚款，并可以由原发证机关暂扣或者吊销许可证： （二）未按照国务院生态环境主管部门制定的编码规则，对生产的放射源进行统一编码的。

续表

序号	违法行为	实施依据		
		法律法规依据	具体条款	行政处罚
29	对未将放射性同位素产品台账和放射源编码清单报国务院生态环境主管部门备案的行为的行政处罚	《放射性同位素与射线装置安全和防护条例》	**第二十二条第一款** 生产放射性同位素的单位，应当建立放射性同位素产品台账，并按照国务院生态环境主管部门制定的编码规则，对生产的放射源统一编码。放射性同位素产品台账和放射源编码清单应当报国务院生态环境主管部门备案。	**第五十八条第（三）项** 违反本条例规定，生产放射性同位素的单位有下列行为之一的，由县级以上人民政府生态环境主管部门责令限期改正，给予警告；逾期不改正的，依法收缴其未备案的放射性同位素和未编码的放射源，处5万元以上10万元以下的罚款，并可以由原发证机关暂扣或者吊销许可证： （三）未将放射性同位素产品台账和放射源编码清单报国务院生态环境主管部门备案的。
30	对出厂或者销售未列入产品台账的放射性同位素和未编码的放射源的行为的行政处罚	《放射性同位素与射线装置安全和防护条例》	**第二十二条第四款** 未列入产品台账的放射性同位素和未编码的放射源，不得出厂和销售。	**第五十八条第（四）项** 违反本条例规定，生产放射性同位素的单位有下列行为之一的，由县级以上人民政府生态环境主管部门责令限期改正，给予警告；逾期不改正的，依法收缴其未备案的放射性同位素和未编码的放射源，处5万元以上10万元以下的罚款，并可以由原发证机关暂扣或者吊销许可证： （四）出厂或者销售未列入产品台账的放射性同位素和未编码的放射源的。

续表

序号	违法行为	实施依据		
		法律法规依据	具体条款	行政处罚
31	对未按照规定对废旧放射源进行处理的行为的行政处罚	《放射性同位素与射线装置安全和防护条例》	**第三十二条**　生产、进口放射源的单位销售Ⅰ类、Ⅱ类、Ⅲ类放射源给其他单位使用的，应当与使用放射源的单位签订废旧放射源返回协议；使用放射源的单位应当按照废旧放射源返回协议规定将废旧放射源交回生产单位或者返回原出口方。确实无法交回生产单位或者返回原出口方的，送交有相应资质的放射性废物集中贮存单位贮存。 使用放射源的单位应当按照国务院生态环境主管部门的规定，将Ⅳ类、Ⅴ类废旧放射源进行包装整备后送交有相应资质的放射性废物集中贮存单位贮存。	**第五十九条第（一）项**　违反本条例规定，生产、销售、使用放射性同位素和射线装置的单位有下列行为之一的，由县级以上人民政府生态环境主管部门责令停止违法行为，限期改正；逾期不改正的，由原发证机关指定有处理能力的单位代为处理或者实施退役，费用由生产、销售、使用放射性同位素和射线装置的单位承担，并处1万元以上10万元以下的罚款： （一）未按照规定对废旧放射源进行处理的。

续表

序号	违法行为	实施依据		
		法律法规依据	具体条款	行政处罚
32	对未按照规定对使用Ⅰ类、Ⅱ类、Ⅲ类放射源的场所和生产放射性同位素的场所，以及终结运行后产生放射性污染的射线装置实施退役的行为的行政处罚	《放射性同位素与射线装置安全和防护条例》	**第三十三条** 使用Ⅰ类、Ⅱ类、Ⅲ类放射源的场所和生产放射性同位素的场所，以及终结运行后产生放射性污染的射线装置，应当依法实施退役。	**第五十九条第（二）项** 违反本条例规定，生产、销售、使用放射性同位素和射线装置的单位有下列行为之一的，由县级以上人民政府生态环境主管部门责令停止违法行为，限期改正；逾期不改正的，由原发证机关指定有处理能力的单位代为处理或者实施退役，费用由生产、销售、使用放射性同位素和射线装置的单位承担，并处1万元以上10万元以下的罚款： （二）未按照规定对使用Ⅰ类、Ⅱ类、Ⅲ类放射源的场所和生产放射性同位素的场所，以及终结运行后产生放射性污染的射线装置实施退役的。

续表

序号	违法行为	实施依据		
		法律法规依据	具体条款	行政处罚
33	对未按照规定对本单位的放射性同位素、射线装置安全和防护状况进行评估或者发现安全隐患不及时整改的行为的行政处罚	《放射性同位素与射线装置安全和防护条例》	**第三十条**　生产、销售、使用放射性同位素和射线装置的单位，应当对本单位的放射性同位素、射线装置的安全和防护状况进行年度评估。发现安全隐患的，应当立即进行整改。	**第六十条第（一）项**　违反本条例规定，生产、销售、使用放射性同位素和射线装置的单位有下列行为之一的，由县级以上人民政府生态环境主管部门责令停止违法行为，限期改正；逾期不改正的，责令停产停业，并处2万元以上20万元以下的罚款；构成犯罪的，依法追究刑事责任： （一）未按照规定对本单位的放射性同位素、射线装置安全和防护状况进行评估或者发现安全隐患不及时整改的。

续表

序号	违法行为	实施依据		
		法律法规依据	具体条款	行政处罚
34	对生产、销售、使用、贮存放射性同位素和射线装置的场所未按照规定设置安全和防护设施以及放射性标志的行为的行政处罚	《放射性同位素与射线装置安全和防护条例》	**第三十四条第一款** 生产、销售、使用、贮存放射性同位素和射线装置的场所，应当按照国家有关规定设置明显的放射性标志，其入口处应当按照国家有关安全和防护标准的要求，设置安全和防护设施以及必要的防护安全联锁、报警装置或者工作信号。射线装置的生产调试和使用场所，应当具有防止误操作、防止工作人员和公众受到意外照射的安全措施。	**第六十条第（二）项** 违反本条例规定，生产、销售、使用放射性同位素和射线装置的单位有下列行为之一的，由县级以上人民政府生态环境主管部门责令停止违法行为，限期改正；逾期不改正的，责令停产停业，并处2万元以上20万元以下的罚款；构成犯罪的，依法追究刑事责任： （二）生产、销售、使用、贮存放射性同位素和射线装置的场所未按照规定设置安全和防护设施以及放射性标志的。
35	对造成辐射事故行为的行政处罚	《放射性同位素与射线装置安全和防护条例》	**第二十七条** 生产、销售、使用放射性同位素和射线装置的单位，应当对本单位的放射性同位素、射线装置的安全和防护工作负责，并依法对其造成的放射性危害承担责任。 生产放射性同位素的单位的行业主管部门，应当加强对生产单位安全和防护工作的管理，并定期对其执行法律、法规和国家标准的情况进行监督检查。	**第六十一条第一款** 违反本条例规定，造成辐射事故的，由原发证机关责令限期改正，并处5万元以上20万元以下的罚款；情节严重的，由原发证机关吊销许可证；构成违反治安管理行为的，由公安机关依法予以治安处罚；构成犯罪的，依法追究刑事责任。

续表

序号	违法行为	实施依据		
		法律法规依据	具体条款	行政处罚
36	对核设施营运单位未按照规定，将其产生的废旧放射源送交贮存、处置，或者将其产生的其他放射性固体废物送交处置的行为的行政处罚	《放射性废物安全管理条例》	**第十条第一款**　核设施营运单位应当将其产生的不能回收利用并不能返回原生产单位或者出口方的废旧放射源（以下简称废旧放射源），送交取得相应许可证的放射性固体废物贮存单位集中贮存，或者直接送交取得相应许可证的放射性固体废物处置单位处置。	**第三十六条第（一）项**　违反本条例规定，核设施营运单位、核技术利用单位有下列行为之一的，由审批该单位立项环境影响评价文件的环境保护主管部门责令停止违法行为，限期改正；逾期不改正的，指定有相应许可证的单位代为贮存或者处置，所需费用由核设施营运单位、核技术利用单位承担，可以处20万元以下的罚款；构成犯罪的，依法追究刑事责任： （一）核设施营运单位未按照规定，将其产生的废旧放射源送交贮存、处置，或者将其产生的其他放射性固体废物送交处置的。

续表

序号	违法行为	实施依据		
		法律法规依据	具体条款	行政处罚
37	对核技术利用单位未按照规定，将其产生的废旧放射源或者其他放射性固体废物送交贮存、处置的行为的行政处罚	《放射性废物安全管理条例》	**第十一条第二款** 核技术利用单位应当及时将其产生的废旧放射源和其他放射性固体废物，送交取得相应许可证的放射性固体废物贮存单位集中贮存，或者直接送交取得相应许可证的放射性固体废物处置单位处置。	**第三十六条第（二）项** 违反本条例规定，核设施营运单位、核技术利用单位有下列行为之一的，由审批该单位立项环境影响评价文件的环境保护主管部门责令停止违法行为，限期改正；逾期不改正的，指定有相应许可证的单位代为贮存或者处置，所需费用由核设施营运单位、核技术利用单位承担，可以处20万元以下的罚款；构成犯罪的，依法追究刑事责任： （二）核技术利用单位未按照规定，将其产生的废旧放射源或者其他放射性固体废物送交贮存、处置的。

续表

序号	违法行为	实施依据		
		法律法规依据	具体条款	行政处罚
38	对放射性固体废物贮存、处置单位未按照国家有关放射性污染防治标准和国务院生态环境主管部门的规定贮存、处置废旧放射源或者其他放射性固体废物的行为的行政处罚	《放射性废物安全管理条例》	**第十七条第一款**　放射性固体废物贮存单位应当按照国家有关放射性污染防治标准和国务院环境保护主管部门的规定，对其接收的废旧放射源和其他放射性固体废物进行分类存放和清理，及时予以清洁解控或者送交取得相应许可证的放射性固体废物处置单位处置。 **第二十五条第一款**　放射性固体废物处置单位应当按照国家有关放射性污染防治标准和国务院环境保护主管部门的规定，对其接收的放射性固体废物进行处置。	**第三十八条第（三）项**　违反本条例规定，有下列行为之一的，由省级以上人民政府环境保护主管部门责令停产停业或者吊销许可证；有违法所得的，没收违法所得；违法所得10万元以上的，并处违法所得1倍以上5倍以下的罚款；没有违法所得或者违法所得不足10万元的，并处5万元以上10万元以下的罚款；造成环境污染的，责令限期采取治理措施消除污染，逾期不采取治理措施，经催告仍不治理的，可以指定有治理能力的单位代为治理，所需费用由违法者承担；构成犯罪的，依法追究刑事责任： （三）放射性固体废物贮存、处置单位未按照国家有关放射性污染防治标准和国务院环境保护主管部门的规定贮存、处置废旧放射源或者其他放射性固体废物的。

续表

序号	违法行为	实施依据		
		法律法规依据	具体条款	行政处罚
39	对放射性固体废物贮存、处置单位未按照规定建立情况记录档案，或者未按照规定进行如实记录的行为的行政处罚	《放射性废物安全管理条例》	**第十七条第二款** 放射性固体废物贮存单位应当建立放射性固体废物贮存情况记录档案，如实完整地记录贮存的放射性固体废物的来源、数量、特征、贮存位置、清洁解控、送交处置等与贮存活动有关的事项。 **第二十五条第二款** 放射性固体废物处置单位应当建立放射性固体废物处置情况记录档案，如实记录处置的放射性固体废物的来源、数量、特征、存放位置等与处置活动有关的事项。放射性固体废物处置情况记录档案应当永久保存。	**第三十九条** 放射性固体废物贮存、处置单位未照规定建立情况记录档案，或者未按照规定进行如实记录的，由省级以上人民政府环境保护主管部门责令限期改正，处1万元以上5万元以下的罚款；逾期不改正的，处5万元以上10万元以下的罚款。
40	对核设施营运单位、核技术利用单位或者放射性固体废物贮存、处置单位未按照规定如实报告上一年度放射性固体废物接收、处置和设施运行等情况的行为的行政处罚	《放射性废物安全管理条例》	**第三十二条** 核设施营运单位、核技术利用单位和放射性固体废物贮存单位应当按照国务院环境保护主管部门的规定定期如实报告放射性废物产生、排放、处理、贮存、清洁解控和送交处置等情况。 放射性固体废物处置单位应当于每年3月31日前，向国务院环境保护主管部门和核工业行业主管部门如实报告上一年度放射性固体废物接收、处置和设施运行等情况。	**第四十条** 核设施营运单位、核技术利用单位或者放射性固体废物贮存、处置单位未按照本条例第三十二条的规定如实报告有关情况的，由县级以上人民政府环境保护主管部门责令限期改正，处1万元以上5万元以下的罚款；逾期不改正的，处5万元以上10万元以下的罚款。

续表

序号	违法行为	实施依据		
		法律法规依据	具体条款	行政处罚
41	对核设施营运单位、核技术利用单位或者放射性固体废物贮存、处置单位未按照规定对有关工作人员进行技术培训和考核的行为的行政处罚	《放射性废物安全管理条例》	**第三十一条** 核设施营运单位、核技术利用单位和放射性固体废物贮存、处置单位，应当对其直接从事放射性废物处理、贮存和处置活动的工作人员进行核与辐射安全知识以及专业操作技术的培训，并进行考核；考核合格的，方可从事该项工作。	**第四十二条** 核设施营运单位、核技术利用单位或者放射性固体废物贮存、处置单位未按照规定对有关工作人员进行技术培训和考核的，由县级以上人民政府环境保护主管部门责令限期改正，处1万元以上5万元以下的罚款；逾期不改正的，处5万元以上10万元以下的罚款。
42	对托运人未按照规定将放射性物品运输的核与辐射安全分析报告批准书、辐射监测报告备案的行为的行政处罚	《放射性物品运输安全管理条例》	**第三十七条第一款** 一类放射性物品启运前，托运人应当将放射性物品运输的核与辐射安全分析报告批准书、辐射监测报告，报启运地的省、自治区、直辖市人民政府环境保护主管部门备案。	**第五十九条第二款** 托运人未按照规定将放射性物品运输的核与辐射安全分析报告批准书、辐射监测报告备案的，由启运地的省、自治区、直辖市人民政府环境保护主管部门责令限期改正；逾期不改正的，处1万元以上5万元以下的罚款。

续表

序号	违法行为	实施依据		
		法律法规依据	具体条款	行政处罚
43	对未按照规定对托运的放射性物品表面污染和辐射水平实施监测的行为的行政处罚	《放射性物品运输安全管理条例》	**第三十条第一款、第二款** 托运一类放射性物品的，托运人应当委托有资质的辐射监测机构对其表面污染和辐射水平实施监测，辐射监测机构应当出具辐射监测报告。 托运二类、三类放射性物品的，托运人应当对其表面污染和辐射水平实施监测，并编制辐射监测报告。	**第六十三条第（一）项** 托运人有下列行为之一的，由启运地的省、自治区、直辖市人民政府环境保护主管部门责令停止违法行为，处5万元以上20万元以下的罚款： （一）未按照规定对托运的放射性物品表面污染和辐射水平实施监测的。
44	对将经监测不符合国家放射性物品运输安全标准的放射性物品交付托运的行为的行政处罚	《放射性物品运输安全管理条例》	**第三十条第三款** 监测结果不符合国家放射性物品运输安全标准的，不得托运。	**第六十三条第（二）项** 托运人有下列行为之一的，由启运地的省、自治区、直辖市人民政府环境保护主管部门责令停止违法行为，处5万元以上20万元以下的罚款： （二）将经监测不符合国家放射性物品运输安全标准的放射性物品交付托运的。
45	对放射性物品托运人出具虚假辐射监测报告的行为的行政处罚	《放射性物品运输安全管理条例》	**第三十条第一款、第二款** 托运一类放射性物品的，托运人应当委托有资质的辐射监测机构对其表面污染和辐射水平实施监测，辐射监测机构应当出具辐射监测报告。 托运二类、三类放射性物品的，托运人应当对其表面污染和辐射水平实施监测，并编制辐射监测报告。	**第六十三条第（三）项** 托运人有下列行为之一的，由启运地的省、自治区、直辖市人民政府环境保护主管部门责令停止违法行为，处5万元以上20万元以下的罚款： （三）出具虚假辐射监测报告的。

续表

序号	违法行为	实施依据		
		法律法规依据	具体条款	行政处罚
46	对违反有关规定，在放射性物品运输中造成核与辐射事故的行为的行政处罚	《放射性物品运输安全管理条例》	**第四十四条第一款、第二款**　国务院核安全监管部门和其他依法履行放射性物品运输安全监督管理职责的部门，应当依据各自职责对放射性物品运输安全实施监督检查。 国务院核安全监管部门应当将其已批准或者备案的一类、二类、三类放射性物品运输容器的设计、制造情况和放射性物品运输情况通报设计、制造单位所在地和运输途经地的省、自治区、直辖市人民政府环境保护主管部门。省、自治区、直辖市人民政府环境保护主管部门应当加强对本行政区域放射性物品运输安全的监督检查和监督性监测。	**第六十五条第一款**　违反本条例规定，在放射性物品运输中造成核与辐射事故的，由县级以上地方人民政府环境保护主管部门处以罚款，罚款数额按照核与辐射事故造成的直接损失的20%计算；构成犯罪的，依法追究刑事责任。
47	对托运人、承运人未按照核与辐射事故应急响应指南的要求，做好事故应急工作并报告事故的行为的行政处罚	《放射性物品运输安全管理条例》	**第四十三条第一款**　放射性物品运输中发生核与辐射事故的，承运人、托运人应当按照核与辐射事故应急响应指南的要求，做好事故应急工作，并立即报告事故发生地的县级以上人民政府环境保护主管部门。接到报告的环境保护主管部门应当立即派人赶赴现场，进行现场调查，采取有效措施控制事故影响，并及时向本级人民政府报告，通报同级公安、卫生、交通运输等有关主管部门。	**第六十五条第二款**　托运人、承运人未按照核与辐射事故应急响应指南的要求，做好事故应急工作并报告事故的，由县级以上地方人民政府环境保护主管部门处5万元以上20万元以下的罚款。

续表

序号	违法行为	实施依据		
		法律法规依据	具体条款	行政处罚
48	对将废旧放射源或者其他放射性固体废物送交无相应许可证的单位贮存、处置，或者擅自处置的行为的行政强制	《放射性废物安全管理条例》	**第十一条第二款** 核技术利用单位应当及时将其产生的废旧放射源和其他放射性固体废物，送交取得相应许可证的放射性固体废物贮存单位集中贮存，或者直接送交取得相应许可证的放射性固体废物处置单位处置。 **第三十三条第一款** 禁止将废旧放射源和其他放射性固体废物送交无相应许可证的单位贮存、处置或者擅自处置。	**第三十七条** 违反本条例规定，有下列行为之一的，由县级以上人民政府环境保护主管部门责令停止违法行为，限期改正，处10万元以上20万元以下的罚款；造成环境污染的，责令限期采取治理措施消除污染，逾期不采取治理措施，经催告仍不治理的，可以指定有治理能力的单位代为治理，所需费用由违法者承担；构成犯罪的，依法追究刑事责任： （一）核设施营运单位将废旧放射源送交无相应许可证的单位贮存、处置，或者将其他放射性固体废物送交无相应许可证的单位处置，或者擅自处置的； （二）核技术利用单位将废旧放射源或者其他放射性固体废物送交无相应许可证的单位贮存、处置，或者擅自处置的； （三）放射性固体废物贮存单位将废旧放射源或者其他放射性固体废物送交无相应许可证的单位处置，或者擅自处置的。

续表

序号	违法行为	实施依据		
		法律法规依据	具体条款	行政处罚
49	对未按照规定对废旧放射源进行处理等行为的行政强制	《放射性同位素与射线装置安全和防护条例》	**第三十二条**　生产、进口放射源的单位销售Ⅰ类、Ⅱ类、Ⅲ类放射源给其他单位使用的，应当与使用放射源的单位签订废旧放射源返回协议；使用放射源的单位应当按照废旧放射源返回协议规定将废旧放射源交回生产单位或者返回原出口方。确实无法交回生产单位或者返回原出口方的，送交有相应资质的放射性废物集中贮存单位贮存。 使用放射源的单位应当按照国务院生态环境主管部门的规定，将Ⅳ类、Ⅴ类废旧放射源进行包装整备后送交有相应资质的放射性废物集中贮存单位贮存。	**第五十九条第（一）项**　违反本条例规定，生产、销售、使用放射性同位素和射线装置的单位有下列行为之一的，由县级以上人民政府生态环境主管部门责令停止违法行为，限期改正；逾期不改正的，由原发证机关指定有处理能力的单位代为处理或者实施退役，费用由生产、销售、使用放射性同位素和射线装置的单位承担，并处1万元以上10万元以下的罚款： （一）未按照规定对废旧放射源进行处理的。

续表

序号	违法行为	实施依据		
		法律法规依据	具体条款	行政处罚
50	对未按照规定对使用Ⅰ类、Ⅱ类、Ⅲ类放射源的场所和生产放射性同位素的场所，以及终结运行后产生放射性污染的射线装置实施退役的行为的行政强制	《放射性同位素与射线装置安全和防护条例》	**第三十三条** 使用Ⅰ类、Ⅱ类、Ⅲ类放射源的场所和生产放射性同位素的场所，以及终结运行后产生放射性污染的射线装置，应当依法实施退役。	**第五十九条第（二）项** 违反本条例规定，生产、销售、使用放射性同位素和射线装置的单位有下列行为之一的，由县级以上人民政府生态环境主管部门责令停止违法行为，限期改正；逾期不改正的，由原发证机关指定有处理能力的单位代为处理或者实施退役，费用由生产、销售、使用放射性同位素和射线装置的单位承担，并处1万元以上10万元以下的罚款： （二）未按照规定对使用Ⅰ类、Ⅱ类、Ⅲ类放射源的场所和生产放射性同位素的场所，以及终结运行后产生放射性污染的射线装置实施退役的。
51	发生辐射事故或者有证据证明辐射事故可能发生时的行政强制	《放射性同位素与射线装置安全和防护条例》	**第四十三条** 在发生辐射事故或者有证据证明辐射事故可能发生时，县级以上人民政府生态环境主管部门有权采取下列临时控制措施： （一）责令停止导致或者可能导致辐射事故的作业； （二）组织控制事故现场。	**第四十三条** 在发生辐射事故或者有证据证明辐射事故可能发生时，县级以上人民政府生态环境主管部门有权采取下列临时控制措施： （一）责令停止导致或者可能导致辐射事故的作业； （二）组织控制事故现场。

续表

序号	违法行为	实施依据		
		法律法规依据	具体条款	行政处罚
52	对核设施营运单位未按照规定将其产生的废旧放射源送交贮存、处置等行为的行政强制	《放射性废物安全管理条例》	**第三十六条第（一）项** 违反本条例规定，核设施营运单位、核技术利用单位有下列行为之一的，由审批该单位立项环境影响评价文件的环境保护主管部门责令停止违法行为，限期改正；逾期不改正的，指定有相应许可证的单位代为贮存或者处置，所需费用由核设施营运单位、核技术利用单位承担，可以处20万元以下的罚款；构成犯罪的，依法追究刑事责任： （一）核设施营运单位未按照规定，将其产生的废旧放射源送交贮存、处置，或者将其产生的其他放射性固体废物送交处置的。	**第三十六条第（一）项** 违反本条例规定，核设施营运单位、核技术利用单位有下列行为之一的，由审批该单位立项环境影响评价文件的环境保护主管部门责令停止违法行为，限期改正；逾期不改正的，指定有相应许可证的单位代为贮存或者处置，所需费用由核设施营运单位、核技术利用单位承担，可以处20万元以下的罚款；构成犯罪的，依法追究刑事责任： （一）核设施营运单位未按照规定，将其产生的废旧放射源送交贮存、处置，或者将其产生的其他放射性固体废物送交处置的。

续表

序号	违法行为	实施依据		
		法律法规依据	具体条款	行政处罚
53	对核技术利用单位未按照规定将其产生的废旧放射源或者其他放射性固体废物送交贮存、处置等行为的行政强制	《放射性废物安全管理条例》	**第三十六条第（二）项** 违反本条例规定，核设施营运单位、核技术利用单位有下列行为之一的，由审批该单位立项环境影响评价文件的环境保护主管部门责令停止违法行为，限期改正；逾期不改正的，指定有相应许可证的单位代为贮存或者处置，所需费用由核设施营运单位、核技术利用单位承担，可以处20万元以下的罚款；构成犯罪的，依法追究刑事责任： （二）核技术利用单位未按照规定，将其产生的废旧放射源或者其他放射性固体废物送交贮存、处置的。	**第三十六条第（二）项** 违反本条例规定，核设施营运单位、核技术利用单位有下列行为之一的，由审批该单位立项环境影响评价文件的环境保护主管部门责令停止违法行为，限期改正；逾期不改正的，指定有相应许可证的单位代为贮存或者处置，所需费用由核设施营运单位、核技术利用单位承担，可以处20万元以下的罚款；构成犯罪的，依法追究刑事责任： （二）核技术利用单位未按照规定，将其产生的废旧放射源或者其他放射性固体废物送交贮存、处置的。

续表

序号	违法行为	实施依据		
		法律法规依据	具体条款	行政处罚
54	对产生放射性固体废物的单位未按规定对放射性固体废物进行处置行为的行政强制	《中华人民共和国放射性污染防治法》	**第四十五条**　产生放射性固体废物的单位，应当按照国务院环境保护行政主管部门的规定，对其产生的放射性固体废物进行处理后，送交放射性固体废物处置单位处置，并承担处置费用。 放射性固体废物处置费用收取和使用管理办法，由国务院财政部门、价格主管部门会同国务院环境保护行政主管部门规定。	**第五十六条**　产生放射性固体废物的单位，不按照本法第四十五条的规定对其产生的放射性固体废物进行处置的，由审批该单位立项环境影响评价文件的环境保护行政主管部门责令停止违法行为，限期改正；逾期不改正的，指定有处置能力的单位代为处置，所需费用由产生放射性固体废物的单位承担，可以并处二十万元以下罚款；构成犯罪的，依法追究刑事责任。

十一、辐射安全相关公告

国家环境保护总局关于发布放射源分类办法的公告

（2005 年 第 62 号）

根据《放射性同位素与射线装置安全和防护条例》（国务院令第 449 号）关于放射源实行分类管理的规定，我局组织制定了《放射源分类办法》，现予发布。

附件：放射源分类办法

国家环保总局

二〇〇五年十二月二十三日

放射源分类办法

根据国务院第 449 号令《放射性同位素与射线装置安全和防护条例》规定，制定本放射源分类办法。

一、放射源分类原则

参照国际原子能机构的有关规定，按照放射源对人体健康和环境的潜在危害程度，从高到低将放射源分为Ⅰ、Ⅱ、Ⅲ、Ⅳ、Ⅴ类，Ⅴ类源的下限活度值为该种核素的豁免活度。

（一）Ⅰ类放射源为极高危险源。没有防护情况下，接触这类源几分钟到 1 小时就可致人死亡。

（二）Ⅱ类放射源为高危险源。没有防护情况下，接触这类源几小时至几天可致人死亡。

（三）Ⅲ类放射源为危险源。没有防护情况下，接触这类源几小时就可对人造成永久性损伤，接触几天至几周也可致人死亡。

（四）Ⅳ类放射源为低危险源。基本不会对人造成永久性损伤，但对长时间、近距离接触这些放射源的人可能造成可恢复的临时性损伤。

（五）Ⅴ类放射源为极低危险源。不会对人造成永久性损伤。

二、放射源分类表

常用不同核素的64种放射源按下列表进行分类。

放射源分类表

核素名称	Ⅰ类源（贝可）	Ⅱ类源（贝可）	Ⅲ类源（贝可）	Ⅳ类源（贝可）	Ⅴ类源（贝可）
Am-241	$\geqslant 6\times10^{13}$	$\geqslant 6\times10^{11}$	$\geqslant 6\times10^{10}$	$\geqslant 6\times10^{8}$	$\geqslant 1\times10^{4}$
Am-241/Be	$\geqslant 6\times10^{13}$	$\geqslant 6\times10^{11}$	$\geqslant 6\times10^{10}$	$\geqslant 6\times10^{8}$	$\geqslant 1\times10^{4}$
Au-198	$\geqslant 2\times10^{14}$	$\geqslant 2\times10^{12}$	$\geqslant 2\times10^{11}$	$\geqslant 2\times10^{9}$	$\geqslant 1\times10^{6}$
Ba-133	$\geqslant 2\times10^{14}$	$\geqslant 2\times10^{12}$	$\geqslant 2\times10^{11}$	$\geqslant 2\times10^{9}$	$\geqslant 1\times10^{6}$
C-14	$\geqslant 5\times10^{16}$	$\geqslant 5\times10^{14}$	$\geqslant 5\times10^{13}$	$\geqslant 5\times10^{11}$	$\geqslant 1\times10^{7}$
Cd-109	$\geqslant 2\times10^{16}$	$\geqslant 2\times10^{14}$	$\geqslant 2\times10^{13}$	$\geqslant 2\times10^{11}$	$\geqslant 1\times10^{6}$
Ce-141	$\geqslant 1\times10^{15}$	$\geqslant 1\times10^{13}$	$\geqslant 1\times10^{12}$	$\geqslant 1\times10^{10}$	$\geqslant 1\times10^{7}$
Ce-144	$\geqslant 9\times10^{14}$	$\geqslant 9\times10^{12}$	$\geqslant 9\times10^{11}$	$\geqslant 9\times10^{9}$	$\geqslant 1\times10^{5}$
Cf-252	$\geqslant 2\times10^{13}$	$\geqslant 2\times10^{11}$	$\geqslant 2\times10^{10}$	$\geqslant 2\times10^{8}$	$\geqslant 1\times10^{4}$
Cl-36	$\geqslant 2\times10^{16}$	$\geqslant 2\times10^{14}$	$\geqslant 2\times10^{13}$	$\geqslant 2\times10^{11}$	$\geqslant 1\times10^{6}$
Cm-242	$\geqslant 4\times10^{13}$	$\geqslant 4\times10^{11}$	$\geqslant 4\times10^{10}$	$\geqslant 4\times10^{8}$	$\geqslant 1\times10^{5}$
Cm-244	$\geqslant 5\times10^{13}$	$\geqslant 5\times10^{11}$	$\geqslant 5\times10^{10}$	$\geqslant 5\times10^{8}$	$\geqslant 1\times10^{4}$
Co-57	$\geqslant 7\times10^{14}$	$\geqslant 7\times10^{12}$	$\geqslant 7\times10^{11}$	$\geqslant 7\times10^{9}$	$\geqslant 1\times10^{6}$
Co-60	$\geqslant 3\times10^{13}$	$\geqslant 3\times10^{11}$	$\geqslant 3\times10^{10}$	$\geqslant 3\times10^{8}$	$\geqslant 1\times10^{5}$
Cr-51	$\geqslant 2\times10^{15}$	$\geqslant 2\times10^{13}$	$\geqslant 2\times10^{12}$	$\geqslant 2\times10^{10}$	$\geqslant 1\times10^{7}$
Cs-134	$\geqslant 4\times10^{13}$	$\geqslant 4\times10^{11}$	$\geqslant 4\times10^{10}$	$\geqslant 4\times10^{8}$	$\geqslant 1\times10^{4}$
Cs-137	$\geqslant 1\times10^{14}$	$\geqslant 1\times10^{12}$	$\geqslant 1\times10^{11}$	$\geqslant 1\times10^{9}$	$\geqslant 1\times10^{4}$
Eu-152	$\geqslant 6\times10^{13}$	$\geqslant 6\times10^{11}$	$\geqslant 6\times10^{10}$	$\geqslant 6\times10^{8}$	$\geqslant 1\times10^{6}$
Eu-154	$\geqslant 6\times10^{13}$	$\geqslant 6\times10^{11}$	$\geqslant 6\times10^{10}$	$\geqslant 6\times10^{8}$	$\geqslant 1\times10^{6}$
Fe-55	$\geqslant 8\times10^{17}$	$\geqslant 8\times10^{15}$	$\geqslant 8\times10^{14}$	$\geqslant 8\times10^{12}$	$\geqslant 1\times10^{6}$
Gd-153	$\geqslant 1\times10^{15}$	$\geqslant 1\times10^{13}$	$\geqslant 1\times10^{12}$	$\geqslant 1\times10^{10}$	$\geqslant 1\times10^{7}$
Ge-68	$\geqslant 7\times10^{14}$	$\geqslant 7\times10^{12}$	$\geqslant 7\times10^{11}$	$\geqslant 7\times10^{9}$	$\geqslant 1\times10^{5}$
H-3	$\geqslant 2\times10^{18}$	$\geqslant 2\times10^{16}$	$\geqslant 2\times10^{15}$	$\geqslant 2\times10^{13}$	$\geqslant 1\times10^{9}$
Hg-203	$\geqslant 3\times10^{14}$	$\geqslant 3\times10^{12}$	$\geqslant 3\times10^{11}$	$\geqslant 3\times10^{9}$	$\geqslant 1\times10^{5}$
I-125	$\geqslant 2\times10^{14}$	$\geqslant 2\times10^{12}$	$\geqslant 2\times10^{11}$	$\geqslant 2\times10^{9}$	$\geqslant 1\times10^{6}$

续表

核素名称	Ⅰ类源（贝可）	Ⅱ类源（贝可）	Ⅲ类源（贝可）	Ⅳ类源（贝可）	Ⅴ类源（贝可）
I-131	$\geq 2\times10^{14}$	$\geq 2\times10^{12}$	$\geq 2\times10^{11}$	$\geq 2\times10^{9}$	$\geq 1\times10^{6}$
Ir-192	$\geq 8\times10^{13}$	$\geq 8\times10^{11}$	$\geq 8\times10^{10}$	$\geq 8\times10^{8}$	$\geq 1\times10^{4}$
Kr-85	$\geq 3\times10^{16}$	$\geq 3\times10^{14}$	$\geq 3\times10^{13}$	$\geq 3\times10^{11}$	$\geq 1\times10^{4}$
Mo-99	$\geq 3\times10^{14}$	$\geq 3\times10^{12}$	$\geq 3\times10^{11}$	$\geq 3\times10^{9}$	$\geq 1\times10^{6}$
Nb-95	$\geq 9\times10^{13}$	$\geq 9\times10^{11}$	$\geq 9\times10^{10}$	$\geq 9\times10^{8}$	$\geq 1\times10^{6}$
Ni-63	$\geq 6\times10^{16}$	$\geq 6\times10^{14}$	$\geq 6\times10^{13}$	$\geq 6\times10^{11}$	$\geq 1\times10^{8}$
Np-237（Pa-233）	$\geq 7\times10^{13}$	$\geq 7\times10^{11}$	$\geq 7\times10^{10}$	$\geq 7\times10^{8}$	$\geq 1\times10^{3}$
P-32	$\geq 1\times10^{16}$	$\geq 1\times10^{14}$	$\geq 1\times10^{13}$	$\geq 1\times10^{11}$	$\geq 1\times10^{5}$
Pd-103	$\geq 9\times10^{16}$	$\geq 9\times10^{14}$	$\geq 9\times10^{13}$	$\geq 9\times10^{11}$	$\geq 1\times10^{8}$
Pm-147	$\geq 4\times10^{16}$	$\geq 4\times10^{14}$	$\geq 4\times10^{13}$	$\geq 4\times10^{11}$	$\geq 1\times10^{7}$
Po-210	$\geq 6\times10^{13}$	$\geq 6\times10^{11}$	$\geq 6\times10^{10}$	$\geq 6\times10^{8}$	$\geq 1\times10^{4}$
Pu-238	$\geq 6\times10^{13}$	$\geq 6\times10^{11}$	$\geq 6\times10^{10}$	$\geq 6\times10^{8}$	$\geq 1\times10^{4}$
Pu-239/Be	$\geq 6\times10^{13}$	$\geq 6\times10^{11}$	$\geq 6\times10^{10}$	$\geq 6\times10^{8}$	$\geq 1\times10^{4}$
Pu-239	$\geq 6\times10^{13}$	$\geq 6\times10^{11}$	$\geq 6\times10^{10}$	$\geq 6\times10^{8}$	$\geq 1\times10^{4}$
Pu-240	$\geq 6\times10^{13}$	$\geq 6\times10^{11}$	$\geq 6\times10^{10}$	$\geq 6\times10^{8}$	$\geq 1\times10^{3}$
Pu-242	$\geq 7\times10^{13}$	$\geq 7\times10^{11}$	$\geq 7\times10^{10}$	$\geq 7\times10^{8}$	$\geq 1\times10^{4}$
Ra-226	$\geq 4\times10^{13}$	$\geq 4\times10^{11}$	$\geq 4\times10^{10}$	$\geq 4\times10^{8}$	$\geq 1\times10^{4}$
Re-188	$\geq 1\times10^{15}$	$\geq 1\times10^{13}$	$\geq 1\times10^{12}$	$\geq 1\times10^{10}$	$\geq 1\times10^{5}$
Ru-103(Rh-103m)	$\geq 1\times10^{14}$	$\geq 1\times10^{12}$	$\geq 1\times10^{11}$	$\geq 1\times10^{9}$	$\geq 1\times10^{6}$
Ru-106（Rh-106）	$\geq 3\times10^{14}$	$\geq 3\times10^{12}$	$\geq 3\times10^{11}$	$\geq 3\times10^{9}$	$\geq 1\times10^{5}$
S-35	$\geq 6\times10^{16}$	$\geq 6\times10^{14}$	$\geq 6\times10^{13}$	$\geq 6\times10^{11}$	$\geq 1\times10^{8}$
Se-75	$\geq 2\times10^{14}$	$\geq 2\times10^{12}$	$\geq 2\times10^{11}$	$\geq 2\times10^{9}$	$\geq 1\times10^{6}$
Sr-89	$\geq 2\times10^{16}$	$\geq 2\times10^{14}$	$\geq 2\times10^{13}$	$\geq 2\times10^{11}$	$\geq 1\times10^{6}$
Sr-90（Y-90）	$\geq 1\times10^{15}$	$\geq 1\times10^{13}$	$\geq 1\times10^{12}$	$\geq 1\times10^{10}$	$\geq 1\times10^{4}$
Tc-99m	$\geq 7\times10^{14}$	$\geq 7\times10^{12}$	$\geq 7\times10^{11}$	$\geq 7\times10^{9}$	$\geq 1\times10^{7}$
Te-132（I-132）	$\geq 3\times10^{13}$	$\geq 3\times10^{11}$	$\geq 3\times10^{10}$	$\geq 3\times10^{8}$	$\geq 1\times10^{7}$
Th-230	$\geq 7\times10^{13}$	$\geq 7\times10^{11}$	$\geq 7\times10^{10}$	$\geq 7\times10^{8}$	$\geq 1\times10^{4}$
Tl-204	$\geq 2\times10^{16}$	$\geq 2\times10^{14}$	$\geq 2\times10^{13}$	$\geq 2\times10^{11}$	$\geq 1\times10^{4}$

续表

核素名称	Ⅰ类源（贝可）	Ⅱ类源（贝可）	Ⅲ类源（贝可）	Ⅳ类源（贝可）	Ⅴ类源（贝可）
Tm-170	$\geqslant 2\times10^{16}$	$\geqslant 2\times10^{14}$	$\geqslant 2\times10^{13}$	$\geqslant 2\times10^{11}$	$\geqslant 1\times10^{6}$
Y-90	$\geqslant 5\times10^{15}$	$\geqslant 5\times10^{13}$	$\geqslant 5\times10^{12}$	$\geqslant 5\times10^{10}$	$\geqslant 1\times10^{5}$
Y-91	$\geqslant 8\times10^{15}$	$\geqslant 8\times10^{13}$	$\geqslant 8\times10^{12}$	$\geqslant 8\times10^{10}$	$\geqslant 1\times10^{6}$
Yb-169	$\geqslant 3\times10^{14}$	$\geqslant 3\times10^{12}$	$\geqslant 3\times10^{11}$	$\geqslant 3\times10^{9}$	$\geqslant 1\times10^{7}$
Zn-65	$\geqslant 1\times10^{14}$	$\geqslant 1\times10^{12}$	$\geqslant 1\times10^{11}$	$\geqslant 1\times10^{9}$	$\geqslant 1\times10^{6}$
Zr-95	$\geqslant 4\times10^{13}$	$\geqslant 4\times10^{11}$	$\geqslant 4\times10^{10}$	$\geqslant 4\times10^{8}$	$\geqslant 1\times10^{6}$

注：1. Am-241 用于固定式烟雾报警器时的豁免值为 1×105 贝可。

2. 核素份额不明的混合源，按其危险度最大的核素分类，其总活度视为该核素的活度。

三、非密封源分类

上述放射源分类原则对非密封源适用。

非密封源工作场所按放射性核素日等效最大操作量分为甲、乙、丙三级，具体分级标准见《电离辐射防护与辐射源安全标准》（GB 18871—2002）。

甲级非密封源工作场所的安全管理参照Ⅰ类放射源。

乙级和丙级非密封源工作场所的安全管理参照Ⅱ、Ⅲ类放射源。

环境保护部　国家卫生和计划生育委员会
关于发布《射线装置分类》的公告

（2017 年 第 66 号）

根据《放射性同位素与射线装置安全和防护条例》（国务院令第 449 号）关于射线装置实行分类管理的规定，环境保护部和国家卫生计生委对现行的《射线装置分类办法》（原国家环境保护总局公告 2006 年第 26 号）进行了调整和修订，制订了《射线装置分类》，现予公布，自公布之日起施行。原国家环境保护总局公告 2006 年第 26 号同时废止。

特此公告。

附件：射线装置分类

环境保护部
国家卫生计生委
2017 年 12 月 5 日

射线装置分类

根据《放射性同位素与射线装置安全和防护条例》《放射性同位素与射线装置安全许可管理办法》规定，制定本射线装置分类方法。

一、射线装置分类原则

根据射线装置对人体健康和环境的潜在危害程度，从高到低将射线装置分为Ⅰ类、Ⅱ类、Ⅲ类。

（一）Ⅰ类射线装置：事故时短时间照射可以使受到照射的人员产生严重放射损伤，其安全与防护要求高；

（二）Ⅱ类射线装置：事故时可以使受到照射的人员产生较严重放射损伤，其安全与防护要求较高；

（三）Ⅲ类射线装置：事故时一般不会使受到照射的人员产生放射损伤，

其安全与防护要求相对简单。

二、射线装置分类表

常用的射线装置按照使用用途可分为医用射线装置和非医用射线装置，可按下表进行分类。

射线装置分类表

装置类别	医用射线装置	非医用射线装置
Ⅰ类射线装置	质子治疗装置	生产放射性同位素用加速器［不含制备正电子发射计算机断层显像装置（PET）用放射性药物的加速器］
	重离子治疗装置	粒子能量大于等于100兆电子伏的非医用加速器
	其他粒子能量大于等于100兆电子伏的医用加速器	/
Ⅱ类射线装置	粒子能量小于100兆电子伏的医用加速器	粒子能量小于100兆电子伏的非医用加速器
	制备正电子发射计算机断层显像装置（PET）放射性药物的加速器	工业辐照用加速器
	X射线治疗机（深部、浅部）	工业探伤用加速器
	术中放射治疗装置	安全检查用加速器
	血管造影用X射线装置[1]	车辆检查用X射线装置
	/	工业用X射线计算机断层扫描（CT）装置
	/	工业用X射线探伤装置[5,6]
	/	中子发生器
Ⅲ类射线装置	医用X射线计算机断层扫描（CT）装置[2]	人体安全检查用X射线装置
	医用诊断X射线装置[3]	X射线行李包检查装置[7]
	口腔（牙科）X射线装置[4]	X射线衍射仪
	放射治疗模拟定位装置	X射线荧光仪
	X射线血液辐照仪	其他各类X射线检测装置（测厚、称重、测孔径、测密度等）

续表

装置类别	医用射线装置	非医用射线装置
Ⅲ类射线装置	/	离子注（植）入装置
	/	兽用X射线装置
	/	电子束焊机[8]
	其他不能被豁免的X射线装置	

标注说明：

1. 血管造影用X射线装置包括用于心血管介入术、外周血管介入术、神经介入术等的X射线装置，以及含具备数字减影（DSA）血管造影功能的设备。

2. 医用X射线计算机断层扫描（CT）装置包括医学影像用CT机、放疗CT模拟定位机、核医学SPECT/CT和PET/CT等。

3. 医用诊断X射线装置包括X射线摄影装置、床旁X射线摄影装置、X射线透视装置、移动X射线C臂机、移动X射线G臂机、手术用X射线机、X射线碎石机、乳腺X射线装置、胃肠X射线机、X射线骨密度仪等常见X射线诊断设备和开展非血管造影用X射线装置。

4. 口腔（牙科）X射线装置包括口腔内X射线装置（牙片机）、口腔外X射线装置（含全景机和口腔CT机）。

5. 工业用X射线探伤装置分为自屏蔽式X射线探伤装置和其他工业用X射线探伤装置，后者包括固定式X射线探伤系统、便携式X射线探伤机、移动式X射线探伤装置和X射线照相仪等利用X射线进行无损探伤检测的装置。

6. 对自屏蔽式X射线探伤装置的生产、销售活动按Ⅱ类射线装置管理；使用活动按Ⅲ类射线装置管理。

7. 对公共场所柜式X射线行李包检查装置的生产、销售活动按Ⅲ类射线装置管理；对其设备的用户单位实行豁免管理。

8. 对电子束焊机的生产、销售活动按Ⅲ类射线装置管理；对其设备使用用户单位实行豁免管理。

三、本射线装置分类表中未列举且不能被豁免的X射线装置，其分类由省级环境保护主管部门参考类似技术参数的射线装置提出建议，报环境保护部商国家卫生计生委认定。环境保护部适时修订射线装置分类表。

四、本分类自公布之日起施行。2006年5月30日发布的《射线装置分类办法》（原国家环境保护总局公告2006年第26号）同时废止。

环境保护部关于实施碘 –125 放射免疫体外诊断试剂使用有条件豁免管理的公告

（2013 年 第 74 号）

为贯彻落实国务院简政放权有关精神，优化行政审批程序，使放射免疫技术更好地为公众服务，根据《电离辐射防护与辐射源安全基本标准》（GB 18871—2002）有关规定，现就碘 –125 体外放射免疫试剂（以下简称放免药盒）使用豁免管理有关事项，公告如下：

一、自本公告发布之日起，对放免药盒的最大日使用量不超过 1.0E+6 贝可（1.48E+5 贝可规格的 7 盒）的医院及专业体检机构实行豁免管理。上述单位使用、转让放免药盒，不需办理辐射安全许可证和放射性同位素转让审批，也不再逐一向当地环境保护部门办理豁免备案手续。

二、最大日使用量超过 1.0E+6 贝可（1.48E+5 贝可规格的 7 盒）以及同时使用放免药盒外的其他放射性同位素的医院和专业体检机构，依然按《放射性同位素与射线装置安全许可管理办法》（国家环境保护总局令　第 31 号）要求，办理辐射安全许可证。

三、符合豁免管理条件的单位应规范放免药盒的使用，并于每年 1 月 31 日前将放免药盒使用情况年度报表（附件 1）报当地设区的市级以上环保部门。各使用单位应将残留有碘 –125 放免试剂的试管等固体废物以月为单位集中贮存，衰变 20 个月或满足相关法规标准后方可按一般医疗废物处理，不得随意丢弃。

四、碘 –125 生产企业应做好以下工作：

1. 严格按照医院使用量情况分别供药，对超过上述豁免用量且无许可证的单位不得供药。

2. 指导使用医院正确使用放免药盒，正确存储及处理放射性固体废物，妥善应对包装容器破碎致放射性物质洒落等意外事件。

3. 督促使用医院按时向设区的市级以上环保部门报送放免药盒使用情况年度报表，确认使用医院已报送年度报表后才能继续对其销售。

4. 每季度向发证机关报送本季度生产、销售情况清单，接受环保部门核查履行辐射安全相关责任的情况。每年 1 月 31 日前报送的辐射安全年度评估报告，应包含上一年度生产、销售汇总情况。

五、各级环保部门按照各自的职责，对辖区内放免药盒的生产、销售、使用实施监督管理。

附件：放免药盒使用情况年度报表（略）

环境保护部

2013 年 12 月 9 日

环境保护部关于放射性药品辐射安全管理有关事项的公告

（2015 年 第 2 号）

为贯彻国务院简政放权有关精神，规范放射性药品的辐射安全管理，促进放射性药品辐射安全监管流程精细化、科学化，使放射性药品更好地为公众服务。现就放射性药品辐射安全管理有关事项公告如下：

一、自本公告发布之日起，放射性药品及其原料的进出口审批有效期由 6 个月变更至一个自然年（每年 1 月 1 日至 12 月 31 日），此类进出口申请材料应于前一年 12 月 1 日前向我部递交。

单位变更辐射安全许可证放射性药品的活动种类和范围及新获得许可的，其本年度申请的进出口审批有效期将从批准之日起至本自然年末。

放射性药品及其原料的用户单位和进口单位，其进口备案应在进口完成之日起 20 日内完成，所有进口备案必须在次年 1 月 15 日前完成；出口放射性药品及其原料的单位，备案从出口完成 20 日内变更为每年备案一次，所有出口备案应于次年 1 月 15 日前完成。

二、放射性药品的转让审批有效期由 6 个月变更至一个自然年（每年 1 月 1 日至 12 月 31 日），此类转让申请材料应于前一年 12 月 1 日前向所在地省级环境保护主管部门递交。

单位变更辐射安全许可证放射性药品的活动种类和范围及新获得许可的，其本年度申请的转让审批有效期将从批准之日起至本自然年末。

转出放射性药品的单位，其单次转出备案应在转让活动完成之日起 20 日内完成，所有转出备案必须在次年 1 月 15 日前完成；转入放射性药品的使用单位，备案从转让完成 20 日内变更为每年备案一次，所有转入备案应于次年 1 月 15 日前完成。

三、放射性药品生产单位应于每年 1 月 31 日前将上一年放射性药品及其原料生产和销售情况以年度报表（见附件）形式报我部及所在地省级环境保护主管部门。

四、放射性药品生产、销售以及使用单位应按照上述要求严格执行放射性药品的备案制度。违反上述要求的单位将由县级以上人民政府环境保护主管部门依照《放射性同位素与射线装置安全和防护条例》给予处罚。

附件：放射性药品及其原料生产和销售情况年度报表（略）

环境保护部

2015年1月8日

环境保护部关于公共场所柜式X射线行李包检查设备用户单位豁免管理的公告

（2015年 第36号）

根据我部对公共场所柜式X射线行李包检查设备的安全评价和监测结果，其对环境和公众的影响很小。为贯彻国务院简政放权有关精神，优化行政审批程序，提高安全监管科学性、有效性，现就公共场所柜式X射线行李包检查设备辐射安全管理有关事项公告如下：

一、自本公告发布之日起，对公共场所柜式X射线行李包检查设备的用户单位实行豁免管理，即使用上述设备的最终用户不需要填报环境影响登记表和办理辐射安全许可证。

二、公共场所柜式X射线行李包检查设备生产、销售单位按照Ⅲ类射线装置有关规定进行管理，做好以下工作：

1. 生产、销售的设备必须满足《微剂量X射线安全检查设备第1部分：通用技术要求》（GB15208.1—2005）和《X射线行李包检查系统卫生防护标准》(GBZ127—2002）的要求。

2. 生产单位应在设备醒目位置张贴操作指南，标注工作人员的操作位。

3. 指导用户单位正确操作设备，对人员进行必要的技术操作培训和有效的辐射防护安全培训；指导用户单位加强设备的定期维护，确保铅帘等防护设施完整有效。

4. 每年1月31日前向发证机关报送辐射安全年度评估报告，报告中应包含上一年度生产、销售、用户以及辐射监测等情况。

三、各省级环保部门可视情况对上述设备进行抽样监测和检查。

环境保护部

2015年5月29日

生态环境部关于进一步优化辐射安全考核的公告

（2021 年 第 9 号）

为进一步落实党中央、国务院“放管服”改革精神，贯彻分级分类监管原则，我部决定进一步优化核技术利用辐射安全考核模式。现将有关事项公告如下。

一、仅从事Ⅲ类射线装置销售、使用活动的辐射工作人员无需参加集中考核，由核技术利用单位自行组织考核。已参加集中考核并取得成绩报告单的，原成绩报告单继续有效。自行考核结果有效期五年，有效期届满的，应当由核技术利用单位组织再培训和考核。

二、生态环境部已针对销售、使用Ⅲ类射线装置辐射安全知识组织编制了参考试题库及考核规则，并在国家核技术利用辐射安全与防护培训平台（http://fushe.mee.gov.cn/）和辐射安全培训微信公众号（“辐射安全培训”）公布。核技术利用单位应在参考试题库中按照考核规则选取题目，对本单位仅从事Ⅲ类射线装置销售、使用的辐射工作人员进行考核。

三、核技术利用单位应妥善留存本单位相关辐射工作人员自行考核记录，各级生态环境部门可采取现场抽测的方式，对自行考核单位考核责任落实情况进行监督检查。

四、近期生态环境部将对集中考核各科目的试题库进行优化，并对试题组成、合格标准等作相应调整，完成后将通过培训平台和微信公众号等渠道公布，请有培训和考核需求的单位和人员及时关注。

五、本公告自 2021 年 3 月 15 日起实施。

特此公告。

生态环境部

2021 年 3 月 11 日

十二、辐射安全相关文件

环境保护部办公厅关于《建设项目环境影响评价分类管理名录》中免于编制环境影响评价文件的核技术利用项目有关说明的函

（环办函〔2015〕1758号）

各省、自治区、直辖市环境保护厅（局），环境保护部各核与辐射安全监督站，各有关单位：

《建设项目环境影响评价分类管理名录》（环境保护部令第33号，以下简称《名录》）于2015年4月9日颁布，并于2015年6月1日起实施，其中规定“在已许可场所增加不超出已许可活动种类和不高于已许可范围等级的核素或射线装置”的核技术利用项目，不需要编制环境影响评价文件。为了进一步贯彻落实《名录》，规范核技术利用领域的监督管理工作，现对有关问题说明如下：

一、免于编制环境影响评价文件的核技术利用项目的范围

《名录》中“已许可的场所”是指已经纳入辐射安全许可证管理的辐射工作场所（该辐射工作场已取得环境影响评价文件的批复）；“活动种类”是指放射性同位素与射线装置的生产、销售、使用；“活动范围等级”指的是，Ⅰ类、Ⅱ类、Ⅲ类、Ⅳ类和Ⅴ类放射源，Ⅰ类、Ⅱ类、Ⅲ类射线装置，甲级、乙级、丙级非密封放射性物质工作场所。

根据以上界定，不需要编制环境影响评价文件的核技术利用项目具体如下：

（一）在已许可的生产、使用高类别放射源或射线装置的场所，不改变已许可的活动种类的前提下，增加生产、使用同类别或低类别放射源或射线装置，包括增加与原许可内容相同或不同的核素种类，增加同种或不同型号、参数的射线装置。

（二）在已许可的非密封放射性物质工作场所，增加操作的核素种类或核素操作量，且增加后不提高场所的级别。

（三）已经取得销售放射性同位素或射线装置许可的，增加销售不高于原

许可类别的放射性同位素或射线装置，销售行为不涉及新增放射性同位素贮存场所和射线调试场所的（不进行贮存、调试，或在原许可的贮存、调试场所内进行）。

二、免于编制环境影响评价文件的核技术利用项目的监督管理

符合上述规定的核技术利用项目（例如因工作需要可能需要少量的增加核素类别、活度或改变射线装置的型号、增加数量等），不应涉及施工建设，而是在原辐射工作场所内，利用原有的辐射安全屏蔽、防护和联锁设施直接开展项目（或对原有设施进行简单的改造即能满足辐射安全与防护要求）。由于原工作场所已经履行了环境影响评价手续并取得辐射安全许可证，具有符合许可证要求的辐射安全与防护设施，且新增项目不超过原许可的范围和等级，因此基本不会在原许可项目的基础上对外部环境和公众造成更大的辐射影响。鉴于以上因素，《名录》规定此类项目不需要再次编制环境影响评价文件，而是可以直接申请辐射安全许可证，其事前审批和事后监管应按以下方式操作：

（一）前审批环节

核技术利用单位在提交辐射安全许可证有关申请时，应当提供新增项目的辐射安全分析材料，以证明各项辐射安全与防护设施、措施满足新增项目后的工作要求，以及新增项目和原有项目合并后对环境的影响仍是可接受的。该材料可以由核技术利用单位自行编制，也可以委托其他机构编制，由许可证发证机关进行审查。发证机关如认为有必要，可以委托技术评估单位对许可证申请材料进行技术评估，或组织对项目进行现场核查。

（二）事后监管环节

此类项目在取得辐射安全许可证并投入使用后，有监督管理职责的环境保护部门应当结合日常监督检查和场所辐射监测、个人剂量监测等手段对新增项目实施监督检查。如在监督发现不符合发证条件的情况，或出现监测结果超标等问题，应要求核技术利用单位停止辐射工作并进行整改，经整改仍无法达标的，发证机关可以撤销新增项目的许可。

三、其他需要说明的问题

（一）如核技术利用单位拟申请增加的项目中一部分符合免于编制环境影响评价文件的条件，另一部分不符合条件（即需要履行环境影响评价手续），

核技术利用单位可以选择先行申请不需要编制环境影响评价文件的部分项目的辐射安全许可证，也可以将全部项目一并进行环境影响评价，在取得环评批复后一并申请辐射安全许可证。如核技术利用单位选择一并进行环境影响评价，申请辐射安全许可证时提交经审批的环境影响评价文件即可，不必重复提供辐射安全分析材料。

（二）对免于编制环境影响评价文件的项目，许可证技术审查的内容主要包括源项情况、辐射安全分析和辐射安全管理三个方面，关注的重点可参考附件。

（三）为进一步方便各单位理解免于编制环境影响评价文件项目的具体范围，我部将另行编制实际审批的有关案例及解释，印发给各单位参考。

附件：免于编制环境影响评价文件的核技术利用项目辐射安全许可证审查的内容和重点

环境保护部办公厅

2015 年 10 月 30 日

免于编制环境影响评价文件的核技术利用项目辐射安全许可证审查的内容和重点

一、源项情况

关注新增项目源项情况，确认新增项目不超过已许可的活动种类和不高于已许可范围等级。

（一）项目规模与基本参数：审核新增建设项目涉及的源项相关参数，如放射源核素名称、活度、数量；非密封放射性物质的核素名称、活度（比活度）、物理状态、日等效最大操作量、操作时间、年操作量、毒性因子和操作方式；射线装置名称、型号、类型、射线种类、电压、束流强度、能量、有用线束范围、额定辐射输出剂量率和泄漏射线剂量率等技术参数。

（二）工程设备与工艺分析：关注新增项目所含的设备组成、工作方式、工作原理、工艺流程，明确涉源环节、各环节的岗位设置及人员配备、工艺操作方式和操作时间等内容。

二、辐射安全分析

（一）辐射安全与防护：关注新增项目布局情况、屏蔽情况、辐射工作场所分区及辐射安全防护设施（包括三废处理）和安保措施等内容。

（二）辐射影响：关注新增项目运行致工作人员和项目周围关点的附加辐射影响，考虑该场所原有项目的叠加影响。

三、辐射安全管理

按照辐射安全许可证审查要求，重点审查与新增项目相关的内容，关注原有各项目的执行情况。

（一）辐射安全与环境保护管理机构及专职管理人员：审核辐射安全管理机构的设置与职能，明确辐射安全专职管理人员的职责，关注专职管理人员资格及培训情况。

（二）辐射工作人员：重点关注新增项目涉及的辐射工作人员，审查辐射安全与防护培训情况。

（三）辐射防护与监测设备：审查辐射监测设备的配置情况，重点关注与新增项目相关的辐射防护与监测设备。

（四）辐射安全管理规章制度：重点审查与新增项目相关的规章制度，如操作规程、岗位职责等，其他涉及的规章制度经过修订应涵盖新增项目相关内容。关注辐射安全规章制度的执行与落实情况。

（五）辐射事故应急：审查应急预案是否能够涵盖新增项目相关内容，同时关注应急演练以及应急措施的执行情况。

（六）辐射监测：审查辐射监测方案是否能够涵盖新增项目，包括个人剂量、工作场所等。关注现有核技术利用项目辐射监测的开展情况与监测结果。

（七）放射性三废处理：审查新增项目放射性三废的产生及处理情况。

放射装置分类中对自屏蔽工业探伤机理解的回复

（生态环境部部长信箱回复 2018-02-12）

来信：

2017 年 12 月 5 日，环保部公布了《射线装置分类》，对其中工业用 X 射线探伤装置中做了标注说明，即对于自屏蔽式 X 射线探伤装置的使用按照三类射线装置进行管理。该规定颁布后，我单位拟采购高频恒压 X 射线探伤机（260kV、3mA）1 台，并在该设备外加建铅房屏蔽射线。该铅房建设后准备采用电脑与探伤机进行关联，在铅房门未关闭或关闭不严的情况下探伤机不能启动工作。厂商介绍该产品是自屏蔽式射线装置，但我单位经咨询北京市及海淀区两级环保部门，两级环保部门解释自屏蔽设备是指屏蔽部分是设备的一部分，即移除屏蔽部分后该设备无法工作，外建铅房无论采用何种方式关联探伤机均不是自屏蔽式。目前，上述两种解释均无相关法律法规的依据，请问应当如何正确理解自屏蔽式 X 射线探伤机的定义呢？

回复：

一、根据《射线装置分类》（环境保护部公告 2017 年第 66 号），工业用 X 射线探伤装置分为自屏蔽式 X 射线探伤装置和其他工业用 X 射线探伤装置，其中自屏蔽式 X 射线探伤装置的生产、销售活动按Ⅱ类射线装置管理，使用活动按Ⅲ类射线装置管理。

二、自屏蔽式 X 射线探伤装置，应同时具备以下特征：一是屏蔽体应与 X 射线探伤装置主体结构一体设计和制造，具有制式型号和尺寸；二是屏蔽体能将装置产生的 X 射线剂量减少到规定的剂量限值以下，人员接近时无须额外屏蔽；三是在任何工作模式下，人体无法进入和滞留在 X 射线探伤装置屏蔽体内。

三、基于以上描述，来信中提到的高频恒压 X 射线探伤机（260kV，3mA），采取在设备外加建屏蔽体（铅房）屏蔽射线并将电脑与探伤机联锁的方式，不属于自屏蔽式 X 射线探伤装置的范围，应界定为“其他工业用 X 射线探伤装置”，按照Ⅱ类射线装置管理。

第三章

核技术利用单位违法违规示例

一、辐射安全许可证过期，项目未履行环评

某医院辐射安全许可证到期未办理延续手续，且新购置射线装置投入使用未办理环评手续的示例。

（一）示例简介

2018 年 7 月 3 日至 4 日，某市生态环境局到某医院开展辐射安全现场监督检查。检查发现：（1）该院辐射安全许可证已于 2016 年 6 月 29 日到期，且未办理许可证延续手续，据现场勘察，所有射线装置均处于正常使用状态。（2）新购 5 台射线装置未办理环评手续即投入使用。5 台射线装置分别是该院本部医学影像科第一检查室 1 台数字化医用 X 射线摄影系统、手术室 2 台移动式 C 型臂 X 线机，该院社区卫生服务中心数字化 X 射线摄影系统和 You 序列牙科 X 射线机各 1 台。（3）该院辐射安全许可证射线台账明细表中的三台设备报废。检查当天，经询问后勤科、放射科负责人，该院所有已报废的设备均未向市生态环境局提交报废备案申请，且未变更许可证的射线装置台账明细。

2018 年 7 月 10 日，市生态环境局对该院下达责令改正违法行为决定书，责令其立即停止违法行为，并于 10 日内改正。2018 年 7 月 24 日，市生态环境局再次对该院进行现场核查，发现该院虽已陆续整改，但在收到责令改正违法行为决定书后，并未停止射线装置的使用。2018 年 7 月 24 日，市生态环境局依照程序对该院设备科科长、放射科主任进行调查问询，并进行调查问询笔录，初步认定该院擅自使用未经环评及许可的射线装置的行为涉嫌违法。

（二）处理结果

《中华人民共和国放射性污染防治法》第二十八条规定：生产、销售、使用放射性同位素和射线装置的单位，应当按照国务院有关放射性同位素与射线装置放射防护的规定申请领取许可证，办理登记手续。

《中华人民共和国放射性污染防治法》第五十三条规定：违反本法规定，生产、销售、使用、转让、进口、贮存放射性同位素和射线装置以及装备有放射性同位素的仪表的，由县级以上人民政府环境保护行政主管部门或者其他有关部门依据职权责令停止违法行为，限期改正；逾期不改正的，责令停产停业或者吊销许可证；有违法所得的，没收违法所得；违法所得十万元以上的，并处违法所得一倍以上五倍以下罚款；没有违法所得或者违法所得不足十万元的，并处一万元以上十万元以下罚款；构成犯罪的，依法追究刑事责任。

综上，对医院进行行政处罚。

该医院收到责令改正违法行为决定书和行政处罚事先（听证）告知书后，认识到自身违反了环保法律法规的相关要求。在示例调查和调查问询期间，有关负责人态度诚恳、积极配合，在责令改正违法行为期限内完成了所有违法行为的整改。

（三）示例分析

1. 关于辐射安全许可证到期后未及时办理延续手续的问题。2018 年 7 月 3 日，市生态环境局对医院开展辐射安全监督检查，发现该医院辐射安全许可证已于 2016 年 6 月 29 日到期，直到 2018 年 7 月 10 日收到市生态环境局的责令改正违法行为决定书后才办理有关手续。在办理过程中，该医院申辩意见为“设备科工作自查中发现辐射安全许可证过期，立即前往市环保局办理证件”。经调查，该院辐射安全许可证过期时间长达 2 年，在 2016 年 6 月 30 日至 2018 年 7 月 3 日期间，无任何向市生态环境局申请办理延续辐射安全许可证手续的记录，认定该医院主观申辩与客观事实不符。

2. 关于新增射线装置未办理环评手续问题。2016 年 6 月 30 日至 2018 年 7 月 3 日期间，该医院陆续新增了 5 台射线装置，但未办理任何环评手续，属于典型的“未批先建”行为。

二、无辐射安全许可证使用射线装置

某综合门诊部有限公司（体检中心）未依法取得辐射安全许可证，即擅自从事射线装置使用活动的示例。

（一）示例简介

2020 年 11 月 24 日，某市生态环境局生态环境保护综合行政执法支队执法人员联合市核与辐射安全监督管理站对该公司开展核技术利用单位辐射安全监督检查，发现该公司未依法履行新增射线装置建设项目环境影响登记表备案手续，且在未依法取得辐射安全许可证的情况下，擅自使用 2 台Ⅲ类射线装置。执法人员制作了现场检查（勘察）笔录，并对射线装置现场使用情况拍照取证。

2020 年 11 月 27 日，市生态环境局对该公司下达了责令改正违法行为决定书，责令该公司于 2020 年 12 月 7 日前限期改正上述环境违法行为。该公司于 2020 年 11 月 27 日签领了责令改正违法行为决定书。

2020 年 12 月 10 日，执法人员对该公司整改工作进行现场核查，发现该公司已依法备案 2 台Ⅲ类射线装置建设项目环境影响登记表，但仍然在未依法取得辐射安全许可证的情况下，擅自从事上述 2 台射线装置使用活动。执法人员制作了现场检查（勘察）笔录、调查询问笔录、现场勘察示意图，并对射线装置现场使用情况拍照取证。随后，执法人员收集了该公司营业执照、委托代理人身份证、授权委托书、建设项目环境影响登记表、2020 年 12 月 6 日至 10 日射线装置使用情况统计表、《关于射线装置使用及流量情况的说明及附件》和《关于射线装置使用和收费明细刻录光盘》等相关证据材料。

（二）处理结果

《放射性同位素与射线装置安全和防护条例》第五条规定：生产、销售、使用放射性同位素和射线装置的单位，应当依照本章规定取得许可证。

《放射性同位素与射线装置安全和防护条例》第五十二条规定：违反本条例规定，生产、销售、使用放射性同位素和射线装置的单位有下列行为之一的，由县级以上人民政府生态环境主管部门责令停止违法行为，限期改正；逾期不改正的，责令停产停业或者由原发证机关吊销许可证；有违法所得的，没收违法所得；违法所得 10 万元以上的，并处违法所得 1 倍以上 5 倍以下的罚款；没有违法所得或者违法所得不足 10 万元的，并处 1 万元以上 10 万元以下的罚款。（一）无许可证从事放射性同位素和射线装置生产、销售、使用活动的。

综上，对该公司进行行政处罚。

（三）示例分析

1. 关于新增射线装置未办理环评手续问题。该公司在未依法备案建设项目环境影响登记表，且未依法取得辐射安全许可证的情况下，擅自使用 2 台Ⅲ类射线装置，涉嫌违反《中华人民共和国环境影响评价法》第十六条和《放射性同位素与射线装置安全和防护条例》第五条的规定，依据《中华人民共和国环境影响评价法》第三十一条和《放射性同位素与射线装置安全和防护条例》第五十二条，应当同时对该公司未依法备案建设项目环境影响登记表的违法行为进行行政处罚。鉴于该公司受新冠肺炎疫情影响，经营困难，几乎半年没有任何营业收入，从社会稳定和解决人员就业的角度结合以下情形进行考虑：一是该公司环境违法行为没有造成恶劣的社会影响；二是在执法人员第一次进行检查后，该公司积极配合调查和整改，立即对射线装置建设项目进行环境影响登记备案；三是该公司已安排辐射工作人员参加国家核技术利用辐射监管系统考试，但由于参考人员名额有限，未能及时取得安全和防护培训证书，未能及时提交和办理辐射安全许可证相关材料。经市执法支队领导班子和示例审查组研究讨论，仅对该公司未依法取得辐射安全许可证、擅自使用 2 台Ⅲ类射线装置的违法行为进行处罚。

2. 关于“违法所得”的确定相关问题。由于《放射性同位素与射线装置安全和防护条例》第五十二条第（一）项涉及“违法所得”的问题，市生态环境局多次向自治区生态环境厅法规处和专业律师进行咨询，最终，在法规处的指导下，参照律师事务所出具的法律意见，依据《中华人民共和国行政处罚法》和《环境行政处罚办法（2010 年修订）》的有关规定，“违法所得”应当以当事人违法所获得的全部收入扣除当事人直接用于经营活动的合理支出后的余额确定。而确定合理支出的问题，法律意见支持该公司提出的客观证据，比如房屋租赁合同用付款凭证、水电费用支付凭证、操作人员的劳动合同用支付劳动报酬凭证，合理区分出应由射线装置负担的部分，以及合理的折旧费用。因此，根据调查结果对该公司进行一定数额的行政处罚。

三、新增、搬迁射线装置无环评和辐射安全许可证

某医院把旧址 2 台射线装置搬迁至新地址使用，且投入使用的新增射线装置无环评手续及辐射安全许可证的示例。

（一）示例简介

2019 年 5 月 28 日，某市核与辐射监督管理站同市支队执法人员对市妇幼保健院射线装置使用情况进行现场联合执法检查，发现该医院于 2018 年进行了院址搬迁，并把在旧址使用的 1 台 X 射线 DR 机和 1 台高频乳腺诊断 X 射线机（乳腺机）于 2018 年 7 月搬迁到了新院，同时新增了 1 台数字平板一体机（肠胃机）。检查人员当即制作笔录，收集了相关证据，责成该医院立即停止作业，接受进一步调查处理。此后，市生态环境主管部门启动立案程序，经过进一步调查取证，认定该医院使用新增射线装置的行为属无辐射安全许可证、未进行环评备案登记而从事射线装置使用活动的违法行为。

（二）处理结果

1.《放射性同位素与射线装置安全和防护条例》第十二条规定："有下列情形之一的，持证单位应当按照原申请程序，重新申请领取许可证：①改变所从事活动的种类或者范围的；②新建或者改建、扩建生产、销售、使用设施或者场所的。"市妇幼保健院 X 射线 DR 机和高频乳腺诊断 X 射线机（乳腺机）的使用场所发生改变（从旧院搬迁到新院），同时在新院新增 1 台数字平板一体机（肠胃机），3 台射线装置均未按照《放射性同位素与射线装置安全和防护条例》第十二条进行重新申请办理辐射安全许可证。

《放射性同位素与射线装置安全和防护条例》第五十二条第（一）项规定，无许可证从事放射性同位素和射线装置生产、销售、使用活动的，由县级以上人民政府生态环境主管部门责令停止违法行为，限期改正；逾期不改正的，责令停产停业或者由原发证机关吊销许可证；有违法所得的，没收违法所得；违法所得 10 万元以上的，并处违法所得 1 倍以上 5 倍以下的罚款；没有违法所得或者违法所得不足 10 万元的，并处 1 万元以上 10 万元以下的罚款。根据此条款，没收该院 2018 年 7 月—2019 年 5 月期间 3 台射线装置的违法收

入 ×× 万元，同时进行一倍罚款 ×× 万，合计共处罚 ×× 万元。

2.《中华人民共和国环境影响评价法》第三十一条规定：“建设单位未依法备案建设项目环境影响登记表的，由县级以上生态环境主管部门责令备案，处五万元以下的罚款。”该院 X 射线 DR 机和高频乳腺诊断 X 射线机（乳腺机）的使用场所发生改变（从旧院搬迁到新院），加上新院新增的 1 台数字平板一体机（肠胃机），3 台射线装置均未办理环评备案登记便开始使用，对此行为处以 ×× 万元处罚。

根据上述规定，2019 年 6 月 19 日市生态环境局向该医院下达了责令改正违法行为决定书，责令该医院于 2020 年 1 月 15 日前办理辐射安全许可证。2019 年 12 月 19 日市生态环境局对该医院下达行政处罚决定书，共计处罚 ×× 万元。综合考虑此次违法事件的社会影响、情节严重程度、违法次数等多因素，确定罚款金额为 ×× 万元。

（三）示例分析

1. 关于辐射安全许可证射线装置的使用范围和台账明细与实际不符。一是数字平板一体机（肠胃机）为新购置仪器，但辐射安全许可证上没有该仪器信息，属无证使用Ⅲ类射线装置的违法行为；二是登记在辐射安全许可证上的 X 射线 DR 机和高频乳腺诊断 X 射线机（乳腺机）从事活动场所发生改变，未按照规定重新申请变更许可证。

2. 关于存在未批先建情况。该院 3 台在用Ⅲ类射线装置均在进行环评登记表备案前就开始使用。

3. 关于罚款金额的确定。在本案调查取证阶段，该院违法收入难以核实，由于该院使用射线机为按次收费，其间到底做了多少次射线操作，3 台射线机每开展一次照射收入多少，合计违法总收入是多少，成了示例的难点，使得示例在调查取证后的两个月中陷入了僵持阶段。为了打破僵局，2019 年 8 月，市生态环境局委托会计师事务所介入，对该院 2018 年 7 月 1 日至 2019 年 5 月 28 日的违法收入进行了专项检查审计。经审计核实，该院在 2018 年 7 月 1 日至 2019 年 5 月 28 日违法收入 ×× 万元。

四、使用射线装置未办理辐射安全许可证

某医院使用DR和CT射线装置未办理辐射安全许可证的示例。

（一）示例简介

2022年6月17日，城区环境执法人员现场检查时发现某医院使用的DR和CT射线装置未办理辐射安全许可证即擅自投入使用。经核查，自2020年起，该医院在其室内使用射线装置。执法人员就有关情况制作了问询笔录，收集了相关证据，责成该院立即停止相关作业活动，接受生态环境主管部门的进一步处理。随后，生态环境主管部门启动立案程序，经过进一步调查取证，认定该院的行为属无辐射安全许可证而从事射线装置使用活动的违法行为。

（二）处理结果

《放射性同位素与射线装置安全和防护条例》第五十二条第（一）项规定："违反本条例规定，生产、销售、使用放射性同位素和射线装置的单位有下列行为之一的，由县级以上人民政府生态环境主管部门责令停止违法行为，限期改正；逾期不改正的，责令停产停业或者由原发证机关吊销许可证；有违法所得的，没收违法所得；违法所得10万元以上的，并处违法所得1倍以上5倍以下的罚款；没有违法所得或者违法所得不足10万元的，并处1万元以上10万元以下的罚款：（一）无许可证从事放射性同位素和射线装置生产、销售、使用活动的"。根据上述规定，2022年8月22日，城区生态环境局依法向该医院下达了责令改正违法行为决定书和行政处罚决定书，责令该医院立即停止无证使用射线装置的违法行为，申领辐射安全许可证，同时处以××万元的罚款，并没收××万元的非法所得。

（三）示例分析

1.关于无许可证使用射线装置问题。《放射性同位素与射线装置安全和防护条例》第五条规定："生产、销售、使用放射性同位素和射线装置的单位，应当依照本章规定取得许可证。"根据上述法规规定，任何企事业在从事放射

性同位素和射线装置的生产、销售、使用活动前必须向环保部门申请许可，在获得辐射安全许可证后方可按照许可内容开展相关辐射活动。该院未向环保部门申请办理 CT、DR 射线装置使用许可手续，造成在无辐射安全许可证的情况下使用射线装置开展诊疗活动的违法事实。

2. 关于罚款数额的确定。在本案调查取证阶段，详细查阅示例中 CT、DR 放射性设备的使用情况，确认非法所得不足 10 万元，依据“没有违法所得或者违法所得不足 10 万元的，并处 1 万元以上 10 万元以下的罚款”的规定，并考虑其使用年限已近两年、违法次数较多等因素，确认罚款金额为人民币 ×× 万元，非法所得人民币 ×× 万元。

五、建设项目未办理环评审批手续

某大学学院楼加层改造的建设项目未履行环评手续的示例。

（一）示例简介

某市生态环境局于 2014 年 11 月 28 日对某学校位于 X 市 Y 路 Z 号的 G 号学院楼加层改造项目进行检查。该项目用地性质为教育科研设计用地，教学楼总建筑用地面积 4.9 万平方米，其中本项目建设用地规模 8100 平方米，本次新增地上建筑面积约 1200 平方米。该项目未办理环评审批手续，已于 2013 年 7 月开工，检查时正在进行主体工程施工。

（二）处理结果

该学校的行为违反了《中华人民共和国环境影响评价法》第二十二条第一款、第二十五条的规定。市生态环境局依据《中华人民共和国环境影响评价法》第三十一条第一款的规定，责令该学校停止建设，自收到决定书之日起 2 个月之内限期补办环评审批手续，并将改正情况书面报告市生态环境局。市生态环境局对该学校改正违法行为的情况进行监督。逾期未改正的，市生态环境局将依法实施行政处罚。

（三）示例分析

建设项目未履行环评审批手续即开工建设属于典型的“未批先建”行为。市生态环境局执法人员在现场检查时对该学校的违法行为制作了现场检查笔录、违法照片等证据，加上市规划委员会规划条件书共同作为出具责令改正违法行为决定书的固定凭证。

此处列出该示例的重要因素为时间，因新环保法为2014年4月24日第十二届全国人民代表大会常务委员会第八次会议修订，自2015年1月1日起施行。该示例发生时新环保法修订后的条款尚未施行，因此市生态环境局工作人员在出具责令改正违法行为决定书时，未引用新环保法第六十一条的新规定。

此处提醒从事辐射监管的工作人员，在参照之前示例做出决策时，需充分考虑示例发生的时间，选择彼时有效、适用的法律条款。

六、未开展辐射工作人员个人剂量监测

某科研院所未按照规定进行辐射工作人员个人剂量监测的示例。

（一）示例简介

某市生态环境局于2017年2月27日对某科研院所就辐射工作人员个人剂量监测事项进行了调查，发现该院所未按照规定进行辐射工作人员个人剂量监测。

（二）处理结果

该院所未进行个人剂量监测的行为违反了《放射性同位素与射线装置安全和防护管理办法》第二十三条第一款。依据该办法第五十五条第一款第（四）项规定，市生态环境局责令该院所在收到责令改正违法行为决定书之日起30日之内完成整改，并将改正情况书面报告市生态环境局。逾期未改正的，市生态环境局将依法实施行政处罚。

（三）示例分析

此类示例在广西较为常见，违法事实的认定相对简单。市生态环境局执法人员在现场检查时对该院所的违法行为制作了现场检查记录、询问笔录等证据，加上事业单位法人证书复印件，共同作为出具责令改正违法行为决定书的固定凭证。

七、未开展工作场所辐射监测

某科研院所未按照规定进行工作场所辐射监测的示例。

（一）示例简介

某市生态环境局于2017年2月27日对某科研院所就工作场所辐射监测事项进行了调查，发现该院所未按照规定进行工作场所辐射监测。

（二）处理结果

该院所未进行工作场所辐射监测的行为违反了《放射性同位素与射线装置安全和防护管理办法》第九条。依据该办法第五十五条第一款第（一）项规定，市生态环境局责令该院所在收到责令改正违法行为决定书之日起30日之内完成整改，并将改正情况书面报告市生态环境局。逾期未改正的，市生态环境局将依法实施行政处罚。

（三）示例分析

此类示例在广西较为常见，违法事实的认定相对简单。市生态环境局执法人员在现场检查时，对该院所的违法行为制作了现场检查记录、询问笔录等证据，加上事业单位法人证书复印件，共同作为出具责令改正违法行为决定书的固定凭证。

八、未组织辐射安全培训

某科研院所未按照规定组织辐射防护负责人和工作人员参加辐射安全培

训的示例。

（一）示例简介

某市生态环境局于 2017 年 2 月 27 日对某科研院所就组织辐射防护负责人和工作人员参加辐射安全培训事项进行了调查，发现该院所未按照规定组织辐射防护负责人和工作人员参加辐射安全培训。

（二）处理结果

该院所未组织辐射防护负责人和工作人员参加辐射安全培训的行为违反了《放射性同位素与射线装置安全和防护管理办法》第十七条。依据该办法第五十五条第一款第（三）项规定，市生态环境局责令该院所在收到责令改正违法行为决定书之日起 30 日之内完成整改，并将改正情况书面报告市生态环境局。逾期未改正的，市生态环境局将依法实施行政处罚。

（三）示例分析

此类示例在广西较为常见，违法事实的认定相对简单。市生态环境局执法人员在现场检查时，对该院所的违法行为制作了现场检查记录、询问笔录等证据，加上事业单位法人证书复印件，共同作为出具责令改正违法行为决定书的固定凭证。

但此处需特别说明，与未开展辐射工作人员个人剂量监测、工作场所辐射监测的示例相比，“辐射工作人员”在法律法规中无明确的定义。一般情况下，通常认为三类人员为辐射工作人员：一是辐射安全与环境保护管理机构的管理人员，或者负责单位辐射安全与环境保护管理工作的专职、兼职人员；二是直接从事辐射类工作的从业人员；三是不可避免需在辐射工作场所进行工作的其他人员。

另外需注意，根据《生态环境部关于进一步优化辐射安全考核的公告》（生态环境部公告 2021 年　第 9 号）的有关规定，仅从事Ⅲ类射线装置销售、使用活动的辐射工作人员无须参加集中考核，由核技术利用单位自行组织考核。

九、违反多项辐射管理规定

某公司未按照规定进行工作场所辐射监测、未对辐射工作人员进行辐射安全培训和个人剂量监测的示例。

（一）示例简介

某市生态环境局于 2014 年 1 月 14 日对某公司辐射安全和防护工作进行了检查。该公司使用料位计，内含 1 枚 V 类放射源，检查中发现该公司未对辐射场所进行辐射监测，且未对辐射工作人员进行辐射安全培训和个人剂量监测。

（二）处理结果

该公司上述行为违反了《放射性同位素与射线装置安全和防护管理办法》第九条、第十七条、第二十三条第一款的规定。依据《放射性同位素与射线装置安全和防护管理办法》第五十五条第（一）、（三）、（四）项的规定，市生态环境局责令该公司于 2014 年 5 月 31 日前完成辐射场所监测、辐射工作人员培训以及个人剂量监测工作，并将改正情况书面报告市生态环境局。市生态环境局对该公司改正违法行为的情况进行监督。逾期未改正的，市生态环境局将依法实施行政处罚。

（三）示例分析

该示例符合广西监管工作实际，为核技术利用单位违反多项管理规定的典型示例。市生态环境局执法人员在现场检查时对公司的违法行为制作了检查笔录、现场检查照片等证据，并以营业执照复印件、市放射性废物管理中心文件（放废检 2014-10 号）作为佐证，共同作为出具责令改正违法行为决定书的固定凭证。

此处需特别指出，虽然看起来该示例是一个违反多项管理规定的综合类示例，似乎对从事辐射工作安全监管人员业务能力有一定要求，但我们可以认为此示例为三个独立示例，与示例六、示例七、示例八有同样的违法事实，因此我们可以将此视为三个违法事实认定相对简单的示例。

十、不清楚放射性同位素存放情况，存在安全隐患

某研究所放射性同位素台账不清晰的示例。

（一）示例简介

某市生态环境局于 2019 年 3 月 19 日对某研究所就放射性同位素台账进行调查，发现该研究所实验室中暂存放射性同位素的冰箱于 2018 年已无法正常开启，且内存的放射性同位素具体情况不清楚，存在安全隐患。

（二）处理结果

该研究所放射性同位素暂存装置长期故障的行为违反了《放射性同位素与射线装置安全和防护条例》第三十条、第三十五条。依据该条例第六十条第一款规定，市生态环境局责令该研究所在收到责令改正违法行为决定书之日起 30 日之内完成整改，并将改正情况书面报告市生态环境局。逾期未改正的，市生态环境局将依法实施行政处罚。

（三）示例分析

此类示例在广西较为常见，违法事实的认定相对简单。市生态环境局执法人员在现场检查时，对该院所的违法行为制作了现场检查记录、询问笔录等证据，加上事业单位法人证书复印件，共同作为出具责令改正违法行为决定书的固定凭证。

此处需特别说明，依据《放射性同位素与射线装置安全和防护条例》第六十八条“放射性同位素是指某种发生放射性衰变的元素中具有相同原子序数但质量不同的核素”，第二条“放射性同位素包括放射源和非密封放射性物质”。上述两项物质皆在核技术利用单位的辐射安全许可证使用范围和种类、台账明细做了详细说明，因此执法人员在核对放射性同位素台账时，应核对许可证信息与现场放射性同位素的种类、数量、用量等是否一致。